男孩行为心理学

风信子———著

民主与建设出版社

·北京·

© 民主与建设出版社，2019

图书在版编目（CIP）数据

男孩行为心理学 / 风信子著 . — 北京 : 民主与建
设出版社 , 2019.3

ISBN 978-7-5139-2447-4

Ⅰ . ①男… Ⅱ . ①风… Ⅲ . ①男性－青少年心理学－
通俗读物 Ⅳ . ① B844.2-49

中国版本图书馆 CIP 数据核字 (2019) 第 057251 号

男孩行为心理学
NANHAI XINGWEI XINLIXUE

出 版 人	李声笑
著　　者	风信子
责任编辑	王　倩
封面设计	新艺·书文化
出版发行	民主与建设出版社有限责任公司
电　　话	（010）59417747　59419778
社　　址	北京市海淀区西三环中路 10 号望海楼 E 座 7 层
邮　　编	100142
印　　刷	大厂回族自治县彩虹印刷有限公司
版　　次	2019 年 12 月第 1 版
印　　次	2019 年 12 月第 1 次印刷
开　　本	880mm×1230mm　1/32
印　　张	7
字　　数	124 千字
书　　号	ISBN 978-7-5139-2447-4
定　　价	39.80 元

注 : 如有印、装质量问题，请与出版社联系。

你了解男孩行为背后的心理需求吗

男孩天生就是"捣蛋虫""闯祸精""叛逆者"……他们争强好胜，经常与人发生冲突、争执，让父母为他们的行为善后；他们冲动果敢，经常莽撞行事，闯祸不断；他们喜欢冒险，却总是把自己弄得伤痕累累，令父母担惊受怕；他们崇尚正义，有英雄情结，却又异常顽劣……

做父母难，做男孩的父母更难，父母为他操碎了心，磨破了嘴皮子，换来的可能只是他暂时的老实，没过几天就会原形毕露。因此，如何教育男孩，如何教好男孩，培养男孩成为一名真正的男子汉，就成了每一位父母的必修课。

我们都知道语言可以说谎，而行为则是一个人内心的真实反映。父母只有读懂了男孩的行为，了解他行为背后的心理需求，才能更好地教导他。

有些父母会感到疑惑："孩子哪里有什么内心想法呢？尤其是年龄小的孩子，他们的内心就像一张白纸一样纯洁，一览无余，父母根本不必过度解读。"其实不然，孩子的内心世界是十分丰富的，他们的内心想法都是既纯净又深奥的。因此，父母要懂一些男孩行为心理学，读懂孩子行为背后蕴含的心理需求，才能真正走进孩子的内心世界。

本书共分为十章，分别从读懂男孩的心理、肢体行为、语言行为、情绪行为、生活行为、习惯行为、社交行为、学习行为、品格行为和异常行为等方面对孩子的心理进行了深入的剖析与解读，涵盖的内容十分丰富、广泛。

本书所涉及的内容都是日常生活中男孩常见的行为表现，如撇嘴皱眉、乱发脾气、玩具不让别人碰、事事争第一、人来疯、喜欢撒谎、爱冒险、沉溺于电子游戏等。本书在解读孩子行为心理的基础上，又为父母提出了具体的应对策略，可以帮助父母更好地理解孩子的行为，了解孩子的心理诉求。

每个孩子都是一个独立的个体，都有自己的想法，相同的行为出现在不同的孩子身上，表达的意义也会有所不同。父母要结合实际情况具体问题具体分析，而不能照本宣科，一味套用。

相信通过阅读本书，您对孩子的行为会有更全面、深入的理解，面对孩子突如其来的奇怪行为，您也会了然于胸。将书中的教育理念应用到教育孩子的过程中，能让您与孩子成为知心朋友，培养出积极乐观、有责任、有担当的男子汉。

目录
contents

—• 第一章 •—

读懂男孩的心理，才能理解男孩的行为

由于男女性别的差异，很多妈妈在养育男孩的过程中都无法理解男孩的想法，读不懂男孩的小心思，从而导致沟通不畅，影响亲子交流。其实，男孩的一言一行都是他们心理活动的体现，在男孩的成长过程中，家长只有读懂男孩的心理，才能更好地理解男孩的行为，培养出一个小男子汉。

读懂男孩，要先认识男孩

大多数男孩小的时候不如同龄的女孩机灵，于是，很多家长都会觉得男孩笨。其实，男孩和女孩的差异是客观的，尊重男孩与女孩的生理差异，尊重男孩的成长过程，他才会快快乐乐地长大。

男孩女孩不一样

为什么同龄的女孩比男孩说话更流利？为什么同龄的女孩比男孩更加心灵手巧？为什么同龄的女孩可以理解妈妈的感受，在妈妈不开心的时候安慰妈妈，而男孩却反应迟钝？……是男孩笨吗？当然不是。这是因为男孩和女孩的大脑结构有明显的区别。这主要体现在两个方面：

1. 男孩大脑发育的速度慢于女孩

从出生到6岁左右，男孩的大脑发育速度都会慢于女孩，这体现在语言能力、精细活动与心理发展等方面。直到8岁左右，这种趋势才有可能逆转。这也就解释了为什么同龄的男孩比女孩看起来更幼稚、不懂事。

2．男孩大脑左右半球之间的联系少于女孩

男孩大脑左右半球之间的联系较少，因此，男孩的思维不像女孩那样周全、细致。但也正因为这样，男孩大脑右半球的内部连接更发达。男孩大脑的左右半球在试图建立联系时，左半球还没有做好与右半球联系的准备，导致从右半球延伸到左半球的细胞无法进入左半球，只能返回右半球，并连接在右半球上。

Tips▸ 男孩与女孩的大脑结构差异导致男孩在生理与心理方面的发展都晚于女孩，如果不尊重男孩与女孩之间的差异，就会给男孩的成长带来无法避免的伤害。

家长这样做

男孩与女孩之间是存在差异的，那么，家长在教育男孩时应该怎样做呢？怎样教育男孩才更符合他的生理与心理变化呢？具体来说，家长要做到以下三点：

1．正视男孩与女孩的差异

男孩和女孩不一样，家长不应强迫男孩一动不动地端坐在椅子上。对男孩来说，进行户外学习与运动，他们的收获往往更大。家长应正视男孩与女孩的差异，在养育男孩的过程中，多一些理解与照顾，让他享受快乐的童年生活。

2. 针对孩子的弱项进行改进

男孩和女孩在大脑结构上存在差异，但是这些差异是可以通过适当的练习弥补的，因此，家长不必担心男孩不如女孩。例如，男孩的语言表达能力不如女孩，那么家长就可以多跟男孩说话，给他讲故事，让他听音乐，这些潜移默化的教育与影响会让他们弥补自己的不足。

3. 循序渐进地引导孩子的心理

女孩的思维细致而周到，而男孩在心理情感等方面则表现得比较迟钝，很少能够理解他人的情感。为了让男孩更好地融入社会的人际交往中，家长要让他学会为他人着想，学会与人相处。在与男孩相处的过程中，家长要引导他理解并体会他人的感受，从而丰富他的心理情感。

Tips▸ 不要轻易否定你的孩子，家长不仅要关注孩子的智力发展，更要关注孩子的心理成长。

男孩的行为是心理活动的体现

言为心声，行为心表。男孩的一言一行都是他们心理活动的体现。每个孩子都是独一无二的，家长不应试图把自己的孩子教育成"别人家的孩子"，而应该为他的独特个性感到骄傲。

很多家长都能做到无微不至地爱孩子，却很少能做到尊重他。其实，尊重孩子的个性特点，发现他个性中的闪光点，会让他的行为充满正能量，他的生活也会充满自信与快乐。家长不妨用朋友的姿态与孩子谈心，发展他独特而积极的个性，塑造他的良好品质。

男孩都有哪些独特的个性特点呢？

1. 上蹿下跳待不住——活泼好动，精力旺盛

从出生开始，男孩就显现出了旺盛的精力：一天到晚玩个不停，尤其是在会走路之后，整天都闲不下来；再大一些，上蹿下跳也是家常便饭。

男孩的这些行为往往都会被贴上"淘气"的标签，其实，活泼

好动是男孩的天性，他们想要做有趣又刺激的事情。因此，请你不要对活泼好动的孩子说："请你安静地待会儿！"请让你的孩子快乐地玩耍，自由地成长吧！

2. 忘记收拾东西——缺乏自我反省的意识

当你对孩子说"玩具玩完后要收起来"时，他会随口答应，但结果往往事与愿违。这是因为孩子没有想到要做这件事，也有些孩子知道应该这样做，但是他们不情愿这样做。对孩子来说，不断探寻新事物才是有趣的生活，他们缺乏自我反省的意识。因此，如果你想要叮嘱孩子不要忘记收拾东西，不妨与他一起玩相应的游戏，寓教于乐，你会发现他的潜力无限。

3. 在意胜败——好胜心强

大多数男孩都十分在意胜败，比如，他们会因为一个游戏的失利放声大哭，会因为妈妈的否定闷闷不乐，也会因为老师的一句表扬沾沾自喜。男孩对胜败的在意程度，也许远远超出了你的想象，但这并不是坏事。好胜心会驱使他们朝着更大的目标迈进，不服输的精神会增强他们的毅力。因此，当你的孩子因为失败而大哭时，不要责备他，请你用积极的方式开导他："下次你再努力些就能成功了。"家长要让孩子保持一贯的好胜心，更要让他拥有坚持不懈的动力。

4. 没常性，没定性——更易满足

很多家长都觉得孩子反复无常，难以捉摸，往往前一秒还在哭着闹着要吃冰淇淋，下一秒就要玩玩具车。面对孩子反复无常的行为，家长更是筋疲力尽。大多数家长都觉得孩子没定性，没常性，其实，这也凸显出了男孩的另一特质——容易满足，相比于女孩来说，男孩可以快速地转换兴趣，改变目标，不会因为某一方面的不满足而记挂于心。由此看来，男孩比女孩更容易哄！

5. 喜欢冒险——勇敢，不惧危险

几乎所有的男孩都喜欢冒险、刺激的运动，仿佛只有这样的运动才能显出他们的"酷"。虽然在很多家长与同龄的女孩看来，这些运动是很危险、无意义的，但对男孩来说，这样的挑战与冒险是十分值得的，而勇于挑战的男孩也会变得更加勇敢。

Tips➤ 男孩有许多特点，这些特点也是他们的优点所在。家长要
结合男孩的特点对其进行教育，让他们茁壮成长。

家长的教育方式影响男孩的行为

很多家长都想按照自己的想法教育孩子，但是由于教育方法不当，教育效果往往大打折扣，对孩子的心理造成了不良影响。对男孩来说，家长的教育方式以及对待孩子的态度决定了孩子的行为，因此，家长应尽量避免陷入教育的误区。

养育孩子是一件需要长期坚持的事情，在养育孩子的过程中，家长要避免陷入教育的误区，以免对孩子的身心发展造成影响。具体来说，家长要注意以下几点：

1. 溺爱纵容，易养出任性的男孩

满足孩子的需求，纵容他的无理取闹，这很可能会让他养成任性的性格，认为自己是家庭的中心，自己就是"小皇帝"，慢慢地，他就无法学会控制自己的欲望，一旦自己的要求得不到满足，他就会发飙。任性、暴躁、情绪失控等也就逐渐成了他性格的标签。

Tips▸ 家长要知道溺爱不等于关爱，让孩子经历一些挫折，不要无
条件地满足孩子的要求，这样才能养出有担当的大男孩。

2. 开空头支票，易养出爱撒谎的男孩

"等你考到90分就带你去游乐园玩。""等天气暖和了我们就去
放风筝。"家长经常会对孩子许下这样那样的诺言，等要实现诺言
时，家长却总有很多借口。这种言而无信的行为会让孩子失去对家
长的信任，也会让孩子觉得撒谎没有什么大不了的。久而久之，孩
子也就学会了对父母撒谎，不再信守诺言。

Tips▸ 不要给孩子开空头支票，如果确实是因为有事而耽搁，请
向孩子说明原因，并诚恳地道歉，与孩子约定在合适的时
间兑现诺言。不要让你不经意间的不当行为影响孩子的身
心健康和成长。

3. 行使否决权，易养出悲观的男孩

"才考90分有什么值得炫耀的！""游乐场有什么意思，还是在
家里学习吧！"你经常对孩子说这样的话吗？家长对孩子经常性的
否定会让他产生消极的心理暗示，使其变得消极悲观。甚至有些孩

子会产生"我做什么都不对，都不能让父母满意"的想法，于是他们便会自暴自弃，丧失对生活的信心。

Tips▸ 当男孩在尝试做某件事，或者取得成功时，请给予他中肯正面的评价，让他保持积极进取的良好心态。请不要给孩子泼冷水，不要只看到他的缺点，而忽视他的优点。

4. 唠唠叨叨，易养出叛逆的男孩

在一项调查中显示，家长的唠叨是最令孩子感到厌烦的。当孩子没有按照父母的意愿去做某件事时，父母尤其是母亲，经常会不厌其烦地唠叨这一件事，结果不仅对解决事情没有帮助，反而还会引起孩子的反感，影响母子关系。其实，家长唠叨的主要原因是他们不知道应该怎样与自己的孩子沟通，于是便通过唠叨的方式表达自己的感受，却忽略了孩子的感受，让他逐渐变得叛逆、不听话。

Tips▸ 你的唠叨虽然是出于善意，但物极必反，唠叨过度会让孩子产生抵触甚至是怨恨等情绪，反而不利于事情的顺利解决。因此，不妨在想要唠叨的时候停一停，想一想：真的有必要这么着急吗？缓一缓会有什么影响呢？

5. 使用冷暴力，易养出自闭的男孩

对孩子来说，父母的冷暴力是比拳脚相加还严重的"酷刑"。即使你没有对孩子使用冷暴力，但对自己的另一半使用冷暴力，孩子看到后也会受到很大的伤害。在充斥冷暴力的家庭中长大，孩子会变得自闭、自卑，人际交往中也会存在障碍。

Tips▸ 良好的沟通是杜绝冷暴力的最好方法。不论面对什么样的困难与问题，父母都应进行充分的沟通，并耐心地对待自己的孩子，不要试图用冷暴力的方式惩罚自己与他人。只有父母和孩子都敞开了心扉，家庭生活才会更和谐美满。

在养育男孩的过程中，请你不要任性妄为，不要让自己不经意间的言行影响了孩子的价值判断。请你试着肯定孩子好的行为，帮助他改正不好的行为，塑造他良好的品格。请相信，你一定会为自己的孩子感到骄傲的！

读懂男孩的心理，培养小小男子汉

　　"男孩怎么这么难懂？"很多妈妈在养育男孩的过程中都会发出这样的感慨。由于男女性别的差异，妈妈有时候很难理解男孩的小心思，无法理解男孩的想法，而这恰恰是造成亲子沟通不畅的原因。因此，读懂男孩的心理对妈妈来说尤为重要。要读懂男孩的心理，妈妈就要了解男孩成长的三个重要阶段。

男孩成长的三个重要阶段

　　男孩的成长有三个重要的阶段，在这三个阶段，父母应该结合男孩的成长特点，与他进行沟通，让他自信而快乐地成长。

1. 第一阶段：0~6岁

　　从出生到6岁，男孩最信赖的人是母亲，总喜欢缠着母亲，虽然父亲在孩子的成长过程中也起到了重要的作用，但是母亲的地位是不可撼动的。

在这个阶段，父母都应该用爱养育孩子，让孩子在爱的包围中成长。

2. 第二阶段：6～13岁

随着男孩年龄的增长，他们对世界逐渐有了自己的认识与理解，个性与特点逐渐显现，偏好也越来越像父亲。

在这个阶段，父母不应严厉地教导孩子，而应该以朋友的姿态与孩子交流，让他在嬉笑游戏中形成良好的品格，疏导他的叛逆心理。

3. 第三阶段：13～18岁

孩子逐渐从幼稚走向成熟，从依赖走向独立，他的生活逐渐丰富，父母在他的生活中不再占据主导地位。

在这个阶段，父母应为孩子挑选好的引导者，鼓励他们参与社交活动，让他们学会与人沟通，学会为人处世，使其逐渐成为有责任感的男孩。

Tips▸ 男孩的成长过程是有一定的规律的，家长要尊重并顺应孩子成长的规律，让他在愉悦的心情下健康快乐地成长，将来成为顶天立地的男子汉。

家长这样做

尊重男孩的成长规律，对其进行正确的教导，提出合理的要求，父母可以从以下三个方面来实施：

1. 设定合理的期望值

父母对孩子抱有很高的期望，于是在不知不觉间就会提高对他的要求。当孩子无法达到父母设定的标准时，孩子就可能产生自卑、消极等心理，对生活、学习失去信心。因此，父母要设定合理的期望值，不要提出过高的要求，让孩子可以轻松快乐地成长。

2. 循序渐进地教育孩子

孩子有自己的想法，不论这些想法是否正确，父母都不应强迫孩子改变他固有的想法。如果孩子的某些想法有所欠缺，父母可以给他思考和改正的时间，用事实向他证明，使他慢慢地改正自己的错误观念，接受正确的观点。强制性的教育只会让孩子更加叛逆，请你试着用温和的方式与他交流吧！

3. 父母要扮演好自己的角色

在孩子成长的各个阶段，父母的角色不是一成不变的。随着孩子的成长，父母应该及时转换自己的角色，扮演好孩子成长路上的陪伴者、引路者、教育者。读懂孩子的心理，了解他的行为，你才能真正地成为他的朋友。

第二章

肢体行为心理

吐泡泡、攥拳头、踢被子、扔东西、撇嘴皱眉……宝宝不会说，妈妈就毫无办法了吗？其实，宝宝的这些肢体行为就是他们的语言。宝宝的肢体行为都藏有玄机，读懂宝宝的肢体行为，有利于你及时了解宝宝的需求，与宝宝更好地相处。

攥紧的小拳头——小宝宝有心事

男孩心里话

我很害怕，刚才是什么声音？妈妈为什么不来陪着我呢？我要做好准备，我是"拳击预备员"！

宝宝在刚出生时，他们的手会紧紧地握成小拳头，这是因为宝宝的神经系统尚未发育成熟，手部肌肉的活动调节功能较差，手指不能自如地张开、收紧，这属于正常的生理现象。随着宝宝的成长，到4个月左右时，宝宝的握拳行为就会基本消失。如果宝宝在握拳现象消失后又出现握拳行为，那么他可能就是在向你传达一些信号。

1. 我很无聊，妈妈你陪我玩

当宝宝将双手举至胸前，紧握成拳头时，他是在对你说："妈妈，我很无聊，你来陪我玩吧！"要知道，宝宝不只有生理需求，还有心理需求，他们需要妈妈的陪伴与关爱，在妈妈的陪伴与关爱下，宝宝才会建立起安全感。

对策：当宝宝出现这种行为时，请你停下手头正在做的事情，陪宝宝玩一会儿游戏，让宝宝开心起来，不再感到无聊。

2. 我很害怕，这是什么

宝宝突然瞪大双眼，握紧拳头，背部拱起，脚趾弯曲，全身都紧张起来，这是宝宝害怕的表现。请你试着回想一下：宝宝有没有被巨大的声响、突然跑到身边的小动物吓到过？此时宝宝握紧的小拳头是在告诉你："妈妈，我被不知道是什么的东西吓到了，我很害怕。"

对策：当宝宝因为害怕而攥紧小拳头时，妈妈应多拥抱宝宝，轻轻捏宝宝的小手，让宝宝在妈妈的陪伴下逐渐放松，安下心来。

3. 我好紧张，妈妈要干什么

宝宝紧张时会下意识地握紧拳头，表现出自我防御的姿态。例如，突然将宝宝放到洗澡盆里，或者带着宝宝去陌生的地方，看见陌生的人，宝宝都会握紧自己的小拳头。此时，宝宝的行为是在告诉你："妈妈，我很紧张，你能不能告诉我要干什么？"

对策：当你带着宝宝一起做事时，请你将这件事的前因后果都告诉宝宝，不要觉得宝宝还小，听不懂，就忽略对宝宝的心理建设。其实，宝宝虽然很小，还不会说话，但是他们是可以听懂妈妈的话的。当你要带着宝宝洗澡时，请你对宝宝说："妈妈现在要给宝宝洗澡，盆里装的是温水，宝宝洗澡会很舒服，洗完澡也会变得香香的。"

4. 嗯……我要拉臭臭了

当你发现宝宝突然握紧拳头，憋足了气使劲，还不时地发出"嗯……嗯"的声音时，那就是宝宝要排大便了。排大便对宝宝来说是一种体力活，需要他们铆足了劲。

对策：当你发现宝宝出现这种行为时，就尽快带着宝宝去卫生间排便吧。在排便过后，不要忘了及时把宝宝的屁股洗干净。

Tips➡ 一般来说，宝宝的握拳现象消失后，他们在睡觉时不会握拳。但是如果宝宝的手指尖有湿疹或指尖发炎等，宝宝就不愿意松开拳头。如果你的宝宝在睡觉时握拳，请及时带宝宝去医院检查，确认宝宝是否生病了，以便及时治疗。

妈妈有话说

宝宝别害怕，刚才那是刮大风的声音，树枝跟着风一起摇摆呢。妈妈的手握着宝宝的小拳头，宝宝就不用紧张害怕了。

儿子成长日记

　　你的宝宝因为什么事而攥紧了小拳头呢？请把宝宝的成长经历记录下来吧！

我踢，我再踢——盖着被子不舒服

 男孩心里话

"蹬！蹬！"穿得太多，太热了。我不要盖被子，我要把被子蹬掉！妈妈，我这样睡觉很不舒服呀！

宝宝晚上睡觉反复蹬被子，妈妈担心宝宝着凉，宝宝刚把被子蹬掉，妈妈就马上给宝宝盖上，这样反复多次，导致妈妈和宝宝整晚都睡不安稳。为什么宝宝睡觉会频繁地蹬被子呢？宝宝蹬被子是要传达什么信息呢？

1. 被子太厚了，我需要透透风

很多父母都担心宝宝晚上睡觉会着凉，于是就给宝宝盖很厚的被子，宝宝闷热出汗，就会不自觉地蹬被子，让身体透透风。

对策：父母应该给宝宝盖上柔软轻便的被子，让宝宝舒舒服服地睡觉。给宝宝盖的被子太多，反而更容易让宝宝蹬被子，引

起感冒。

2. 衣服太多了，我很热

有些父母喜欢给宝宝多穿衣服，他们觉得这样即使宝宝把被子踢掉了，也还有厚厚的衣服，不容易着凉。其实，这种想法与做法是不对的。宝宝穿的衣服太多，更容易感到热，也就更容易踢被子，而且，厚厚的衣服还会让宝宝睡不安稳，影响宝宝的睡眠质量。

对策：父母应给宝宝准备一套透气、吸汗的棉质睡衣，让宝宝穿着舒服的睡衣睡觉。

3. 这样睡很难受，妈妈你帮帮我

有些宝宝在睡觉时会把头埋进被子里，或者趴着睡觉并把手压到胸前，这样的睡姿很容易让宝宝透不过气来，让他们觉得闷热、不舒服。此时，宝宝便会通过踢被子的方式来缓解不适。

对策：在宝宝准备睡觉时，父母应让宝宝以正确的睡姿入睡。发现宝宝的睡姿不正确时，父母应及时地调整宝宝的睡姿，让宝宝养成良好的睡眠习惯，拥有良好的睡眠。

4. 我太兴奋了，大脑静不下来

宝宝在睡前玩得太兴奋，就很难入睡，在入睡后也睡不踏实，手脚乱动，将被子踢掉。

对策：睡前不要让宝宝看过于兴奋的动画片，也不要大声地与宝宝讲话，为宝宝播放轻柔的音乐，讲一讲睡前故事，营造出安静的氛围，更有助于宝宝拥有一个良好的睡眠。

5. 外面太吵了，我睡不踏实

当宝宝睡觉时，周围太过嘈杂或灯光太亮等都会使其睡不踏实，来回翻身。宝宝手脚乱动自然就会把被子蹬下去。另外，当宝宝做噩梦时，也会出现翻身乱动等情况，此时，父母要轻轻地抚摸宝宝的身体，让宝宝不再担心、害怕。

对策：吵闹的环境会导致宝宝睡眠不安，影响宝宝的睡眠质量。父母应为宝宝提供一个良好的睡眠环境，调节室内的光亮和温度，让宝宝安心入睡。当发现宝宝睡不踏实时，父母应轻拍宝宝，让宝宝安心。

6. 我身体不舒服，不想盖被子

当宝宝患有某些疾病时，也有可能出现蹬被子的情况。例如，患有佝偻病的宝宝会出现夜惊、蹬被子等情况；患有蛲虫病的宝宝会因为肛门瘙痒而手脚乱动，踢开被子等。

对策：父母应定期带宝宝体检，一旦发现宝宝生病，就要及时配合医生进行治疗。

Tips▶ 宝宝踢被子是身体的自然反应，当发现宝宝踢被子后，父母要根据实际情况采取对策，而不应再反复地给宝宝盖被子，上演"被子大战"。

妈妈有话说

　　妈妈知道宝宝不是故意踢被子的，肯定是因为盖着被子不舒服才踢。那以后妈妈不给你穿那么多衣服了，给你准备舒服的轻薄衣服和柔软的被子，宝宝不要再踢被子了哟！

儿子成长日记

　　你的宝宝晚上睡觉会踢被子吗？请分享一下你的育儿经验吧！

我扔，我再扔——宝宝不是恶作剧

男孩心里话

"啪！咚！"妈妈，你看，我会扔东西了，还有声音呢！你听到声音了吗？

很多宝宝在1岁左右都会出现反复扔东西的情况，很多父母对宝宝的这种行为感到束手无策。有时候，越是让宝宝不要扔，他们反而扔得越欢。那么，宝宝为什么喜欢扔东西呢？

宝宝扔东西不是恶作剧

宝宝喜欢扔东西不是恶作剧，父母千万不要误解了宝宝。其实，宝宝这样做主要有以下三种原因：

1. 引起家长的注意

当父母把宝宝扔出去的东西捡回来时，宝宝会觉得父母是在和他玩游戏，于是，宝宝就会乐此不疲地继续扔东西，享受与父母做游戏的快乐。有时候，当父母将注意力放到其他的事情上后，宝宝也会通过故意扔东西的方式来引起父母的注意。

2. 探索、认知世界

宝宝扔东西也是他们探索、认知世界的一种方式。当他把一个玩具扔到地上时，玩具的运动轨迹会提高宝宝的观察能力；玩具发出"咚"的声音，宝宝会把这个玩具与玩具发出的声音对应结合起来，培养宝宝的逻辑能力；当宝宝看到扔出去的小球跳动着滚远时，他可以了解小球的属性……这些扔东西的行为会让宝宝通过亲身体验了解事物的变化，从而增长宝宝的知识与经验。

3. 锻炼自己的能力

扔东西对大人来说是一件轻而易举的事，但是对1岁左右的宝宝来说，他们必须具备一定的能力才能把东西扔出去，比如抓握能力、投掷能力等。当宝宝能够抓住一些物品往远处扔时，他会觉得自己又多掌握了一项技能，扔东西产生的成就感会让宝宝不断地锻炼自己的能力。

Tips► 宝宝扔东西是成长过程中的正常现象，是宝宝探索世界的
一种方式，父母不应阻止孩子的这种行为，但是如果宝宝

在2岁后仍然有扔东西的习惯，父母则要注意纠正宝宝的这

种行为。

宝宝扔东西，妈妈有办法

宝宝扔东西是在发展手部的能力，对宝宝其他能力的发展也大

有好处。那么，当宝宝扔东西时，妈妈应该怎样做呢？

1. 准备不易损坏的玩具

为了让宝宝扔得更安全，妈妈应为宝宝准备不易损坏的玩具，

如柔软的小玩偶、塑料球、橡胶玩具等。（注意：宝宝还无法判断

哪件东西可以扔，哪件东西不能扔，因此，妈妈要将贵重物品以及

有伤害性的物品放到宝宝够不到的地方。）

2. 跟宝宝一起扔玩具

妈妈可以和宝宝面对面坐着，中间要隔一小段距离，跟宝宝一

起扔玩具，这样不仅可以锻炼宝宝的各种技能，还可以增进亲子关

系，提升宝宝的安全感。

3. 不要责备宝宝

当宝宝把玩具扔到不应该扔的地方时，请不要对宝宝发火，也

不要责备宝宝。你可以引导宝宝："往这边空间大的地方扔吧，看

看你能扔多远！"

妈妈有话说

宝宝又掌握了一项新的技能，真棒！刚刚你扔完东西后听到了什么声音呢？你能模仿小球落地的声音吗？

儿子成长日记

你的宝宝开始学习扔东西了吗？请你记录宝宝的成长瞬间吧！

撇嘴皱眉——宝宝不高兴了

 男孩心里话

哎呀，这个果汁太酸了啊！妈妈，你自己尝尝，我不要喝这个果汁，我要喝甜的果汁！

小宝宝的面部表情还不完善，当宝宝不喜欢、不高兴时，他会无意识地表现出撇嘴、皱眉等动作。当宝宝长到7个月以后，他会逐渐学会揉眼睛、抓头皮等动作，偶尔也会撇嘴、皱眉。那么，宝宝撇嘴、皱眉是在表达什么情绪呢？爱皱眉的宝宝就不爱笑吗？

宝宝为什么会撇嘴皱眉呢

宝宝撇嘴皱眉可能是要告诉你这些信息：

1. 阳光太刺眼了，我睁不开眼

细心的妈妈会发现，带着宝宝外出时，宝宝皱眉、撇嘴的次数

明显增多，于是有些妈妈就认为宝宝不喜欢去外边玩，其实，你误会宝宝了。宝宝皱眉是因为阳光太刺眼了，睁不开眼。如果你要带着宝宝出去晒太阳，不妨给宝宝准备一顶小小的遮阳帽。

2. 拉臭臭，我要用力呀

宝宝在用力的时候会习惯性地皱眉，甚至龇牙咧嘴。这也就是为什么宝宝大便的时候会皱眉了。宝宝拉臭臭是一件很认真的事情，当宝宝因为用力而皱起眉头时，为宝宝加油鼓劲吧，跟着宝宝一起发出"嗯"的声音，让宝宝有力量。

3. 太酸了，我不喜欢这个味道

我们吃到酸的东西时会皱眉，宝宝也一样。当你给宝宝喝酸酸的橙汁时，宝宝的眉头就会皱成一团，嘴和鼻子也会拧巴成一团。此时宝宝是在用表情告诉你："这个太酸了，我不喜欢这个味道！"

4. 我在做梦呢

宝宝在睡觉时也会皱眉，很多妈妈对此不解，难道宝宝小小年龄就有发愁的事情了吗？其实，宝宝这是在做梦呢！妈妈不必过度担心。

如果宝宝在睡觉时总是皱着眉头，妈妈则要反思：宝宝睡前是不是玩得太累了？是不是睡前太兴奋导致心里紧张？

Tips➡ 除了皱眉，宝宝在做梦时还会出现咧嘴笑、撇嘴、抽泣等
表情，这是因为宝宝在入睡后，大脑仍处于兴奋状态。

5. 我还没睡醒，不要打扰我

宝宝最爱撇嘴、皱眉的时候是刚睡醒或是被吵醒的时候，这也
是令很多爸爸妈妈束手无策的"起床气"。当宝宝自然醒时，他会
皱着小眉头四处找妈妈，找到妈妈后，宝宝皱着的小眉头便会舒展
开；如果宝宝是被吵醒的，他不但会皱眉，还会咧嘴大哭，此时，
你不妨轻轻地拍一拍宝宝，让宝宝睡个回笼觉。

6. 妈妈不要离开我

妈妈要上班离开时，宝宝会噘起小嘴，皱着眉头，表现出一副
可怜巴巴的样子，让妈妈看了既心疼又舍不得。其实，宝宝这是误
以为妈妈不要他了。如果你也遇到过这样的情况，请耐心地向宝宝
解释吧！

宝宝经常皱眉、撇嘴怎么办

宝宝经常皱眉头、撇嘴，可爱的脸庞因为宝宝严肃的表情丢了
不少分。如何让这个严肃的"小老头"变成可爱的小宝宝呢？妈妈
可以从以下几个方面入手：

1. 提供舒适的环境

舒适的环境会让宝宝皱着的眉头舒展开，在放松的状态下，宝宝的面部肌肉也会逐渐放松，从而避免出现皱眉、撇嘴等不满表情。

2. 陪伴宝宝，逗宝宝笑

妈妈经常陪伴宝宝，逗宝宝笑，宝宝皱眉、撇嘴的次数自然就会减少。而且，宝宝与妈妈一起玩，不仅能增强宝宝的安全感，还能让宝宝感受到妈妈的爱。

3. 睡前不要玩得太兴奋

宝宝在睡前玩得太兴奋会很难入睡，即使入睡也睡不踏实，容易出现皱眉、撇嘴等表情，因此，妈妈在与宝宝玩睡前游戏时，应尽量玩一些安静的游戏，不要让宝宝太过兴奋，以免影响宝宝的睡眠质量。

Tips▸ 有时候，宝宝出现皱眉头、撇嘴等表情，可能仅仅是肌肉抽搐，是无意识的动作，妈妈不必过度担心。如果宝宝不舒服，他会通过大哭、尖叫或者其他方式来告诉你的。

 **妈妈有话说**

妈妈知道橙汁很酸，但是很有营养哦！宝宝喝了这杯橙汁，会健健康康的，很快就能长成小小男子汉了呢！

儿子成长日记

你的宝宝经常撇嘴、皱眉吗？看到宝宝有这样的表情，你会怎么做呢？请你将宝宝可爱的表情记录下来吧！（拍照是个不错的办法！）

....

....

....

红脸"小关公"——宝宝肚子里有"情况"

"嗯——"肚子不舒服，有什么东西在动？糟糕，要拉臭臭了，妈妈快来，妈妈快来，我这里有紧急情况！

随着月龄的增长，宝宝对自己的身体有了一定的意识与认知。在想要大便的时候也会发出信号告诉妈妈，可是很多新手妈妈都无法接收到宝宝发出的信号，导致宝宝拉到裤子里。

红脸"小关公"隐含的秘密

宝宝玩得很开心，突然一动不动地愣在那里，小脸通红，还暗暗发力，宝宝是要向妈妈传达什么信号呢？

1. 我要拉臭臭了

对宝宝来说，拉大便是很费力的一件事，需要宝宝用尽力气。

于是当大便来临时，宝宝便开始积蓄力量，如握紧拳头、皱眉使劲、身体一动不动等，宝宝这样用劲就会把小脸憋得通红。所以，如果你看到宝宝出现了以上某种情况，就赶快准备让宝宝排便吧！

如果你看到宝宝脸上的红晕已经褪去，紧张的身体也变得放松了，那么你已经错过了宝宝排便的最佳时机，还是认清现实，做好后续处理工作吧！

Tips➤ 6个月以后的宝宝已经知道自己要排便了，妈妈可以对宝宝进行如厕训练。妈妈可以给宝宝准备一个可爱的便盆，当宝宝有便意时，妈妈就让宝宝坐到便盆上。

2. 我要放屁了

放屁对宝宝来说可不是一件容易的事情。宝宝要把屁放出去需要很大的力气。所以，如果你看到宝宝脸红了，说明他可能是在酝酿着要放屁。

有些宝宝会在放屁后排大便，你的宝宝是不是也有这个习惯呢？

宝宝大便学问多

大便可以反映出宝宝的健康状况，在宝宝大便后，妈妈不要急

着清理，可以根据宝宝大便的颜色、气味、形状等判断宝宝的身体
情况。

1. 大便颜色

新生儿出生24小时内排出胎便，颜色为黑绿色；出生2～4天的
宝宝，大便颜色逐渐变浅，呈军绿色。母乳喂养的宝宝，大便多呈
黄色或金黄色；奶粉喂养的宝宝，大便呈淡黄色。

Tips▸ 一般宝宝吃了蔬菜、水果或者一些药物，大便会呈墨绿色。
当发现宝宝的大便颜色不正常时，妈妈要先找一找原因。

2. 大便气味

新生儿的胎便是没有臭味的。随着宝宝的成长，喂养条件的不
同，宝宝大便的气味也略有不同。一般母乳喂养的宝宝，大便有酸
味，但不臭；奶粉喂养的宝宝，大便则带有明显的臭味。

3. 大便形状

一般母乳喂养的宝宝，大便呈软膏样；奶粉喂养的宝宝，大便
均匀、较硬。而如果宝宝的饮食不当或身体不佳，大便则可能是水
样、蛋花汤式。

 妈妈有话说

　　宝宝是要拉臭臭了吗？来，我们用这个可爱的小便盆，你以后要

拉臭臭的时候也要给妈妈发这样的信号哦！这样就不会弄脏裤子了。

儿子成长日记

　　　　你的宝宝在排大便前会有哪些反应呢？请你试着总结

记录下来吧！

第三章

语言行为心理

"妈妈，我从哪里来""为什么会这样"……当男孩提出这些问题时，你知道他想知道的到底是什么吗？"这个玩具是我的，谁都不许碰""我不好意思说不"……当男孩说出这些话时，你知道他内心的真正想法吗？本章解读男孩语言深处的秘密，带你走进男孩的内心世界。

"妈妈,我是从哪里来的" ——男孩的性困惑

男孩心里话

妈妈,我是从哪里来的呢?我是怎么来到这个世界上的呢?为什么我一点儿都不记得。妈妈,您知道我是怎么来的吗?

3岁左右的孩子对"我是从哪里来的"这一问题感兴趣,经常会缠着爸爸妈妈问:"爸爸妈妈,我是从哪里来的?"如果你的孩子这样问你,你会怎么回答呢?你是选择拒绝回答,对他说"你长大了就知道了",还是选择对他撒谎,告诉他"你是从垃圾桶里捡来的"呢?实际上,男孩会问你这种问题,表明他进入了成长的性困惑期。

男孩问题背后的小心思

3岁左右的男孩对性的认识还是一张白纸,于是,当他们有疑

问时，就会问爸爸妈妈。面对男孩提出的问题，家长不必讳莫如深，也不必紧张兮兮，这并不代表你的男孩就不纯洁了。男孩会问这样的问题，一般存在两种心理：

1. 我是从哪里来的，我很好奇

在3岁的男孩看来，"我是从哪里来的"这个问题就跟"为什么要多吃蔬菜和水果"一样。因此，当你的孩子问你这个问题时，请你不要扭捏不安、指责批评，满足孩子的好奇心，真诚而自然地回答他提出的问题，他自然也就不会揪着这个问题不放了。

2. 田田说他是从妈妈的肚子里生出来的，这是真的吗

如果你想要知道为什么你的男孩会问这个问题，你不妨问他："为什么你想知道自己是从哪里来的呢？"他也许会对你说："田田说他是从他妈妈的肚子里生出来的，我也是从妈妈的肚子里生出来的吗？妈妈的肚子那么小，里面怎么装得下我呢？"由此可见，男孩问你这个问题只是想要寻求一个答案，因此你不妨大方地告诉他。

如何回应"我是从哪里来的"

3岁左右的孩子处于性心理发育的重要阶段，家长要抓住教育的时机，对孩子进行科学、正确的性教育，满足孩子的好奇心。在回应"我是从哪里来的"这个问题时，家长要注意以下两点：

1. 正面回应不拒绝

随着科技的发展，孩子接收到的信息越来越多，如果家长一味地回避性问题，谈性色变，孩子就很难形成正确的性价值观，反而更容易受到不良信息的影响。

因此，当孩子问你这个问题时，请你不要对他说"等你长大了就知道了"，也不要对他说"小孩子不要问这个"，请你正面回应男孩提出的问题，满足他的好奇心。

2. 正面回应不撒谎

"你是从石头里蹦出来的。""你是充话费送的。"……很多家长为了回答孩子的这个问题选择撒谎，这样不仅可以避免男孩持续性追问，而且还解决了回答问题的尴尬。其实，这种做法是不恰当的。这样的回答不仅没有给孩子传授正确的性知识，还会使亲子关系疏离。因此，诚实地回答孩子的问题是十分重要的。

Tips► 正面、诚实地回答孩子的问题很有必要。但是家长在回答孩子提出的问题时还要注意他们的理解能力，用他们可以理解的语言进行解说，从而满足他们的好奇心与求知欲。

妈妈有话说

　　妈妈当然知道了，你是从妈妈的肚子里生出来的。妈妈的肚子里有个小房子，在你很小很小的时候你就在那里了，你在这个小房子里面长了10个月，你慢慢变大了，小房子装不下你了，然后你就从妈妈的肚子里出来了。那时候你还小，所以不记得这些事情了。

儿子成长日记

　　宝宝从出生到现在有很大的变化，今天，你又发现了宝宝的哪些变化呢？请记录下来吧！

　　_____

　　_____

　　_____

"这个玩具是我的，谁都不许碰" ——自我意识的发展

这个玩具是我的，不是他的，我不想让他玩，我的玩具只有我才能玩，别人不能玩，也不能碰。

男孩在2～4岁开始产生自我意识，并逐渐认识到"我""你""他"的区别，这时的孩子通常会表现出一种"自私"的行为，如不让别人玩他的玩具，不让别人吃他的糖果，这是因为这个阶段的孩子还没有学会分享，自私的表现只是一种无意识的心理行为。那么，孩子这些"自私"的表现传达了他们什么样的心理呢？

男孩"自私"行为背后的原因

幼年阶段的"自私"是孩子产生自我意识的开始。那么，当你的孩子说"这个玩具是我的，谁都不许碰"时，你知道他心里是怎

么想的吗？请你不要给孩子贴上"自私"的标签，试着去理解他内心的想法吧！

1. 这个玩具是我的，不是他的

当孩子可以准确地说出"我的""他的"时，说明他已经认识到了自己与他人的区别，自我意识也在不断地发展中，而自我意识的发展会让孩子对自己的物品产生占有欲，认为自己的物品是不能让别人用的。"我用我的，你不能用我的"是他们此时的想法。

2. 我也喜欢这个玩具，不想给他

在3岁左右孩子的观念里，"借他玩"就等于"给他"，孩子会觉得把自己的玩具借给小伙伴玩，这个玩具就不再属于自己了，自己将会永远失去这个玩具。于是，当家长把孩子的玩具分给其他小伙伴玩时，孩子就会出现号啕大哭、闷闷不乐等情况。所以，当你的孩子因为玩具而表现得异常自私时，他可能是在告诉你："我也喜欢这个玩具，我不想把这个玩具给他！"

3. 我的玩具给他玩，我就不能玩了

"这是我的玩具，我想什么时候玩就什么时候玩。如果给他玩，我就不能玩了。"很多孩子也会产生这样的想法。而且，即使孩子对自己的某个玩具不感兴趣，在看到别人玩自己的玩具时，他也会过来，担心别人抢了自己的风头。

男孩不愿意分享，家长怎么办

如果你的孩子不愿意与人分享玩具、糖果等物品，虽然这是一种自私的表现，但孩子并不是真的自私，他们只是还没有学会分享，不懂得分享的意义与乐趣。此时，家长要给予孩子积极的教育，让孩子懂得分享，并乐于分享。

1. 尊重孩子的物权

当孩子拒绝分享自己的玩具、食物时，请你尊重他的选择，不要强迫他分享。很多父母都会告诉孩子要学会分享，分享是一种好品质，却忽视了孩子的所有权，甚至会影响孩子自我意识的发展。因此，家长首先应尊重孩子的物权，让孩子可以自由支配自己的物品，在自我意识发展成熟后，再引导孩子学习分享。

2. 交换玩具

我们都知道"分享不是借不是给，是暂时的，不是永久的"，但是3岁的孩子不这样认为。如果你想让孩子学会分享，不妨从交换玩具开始，刚开始你可以与他交换几分钟，并在到时间后把他的玩具还给他，对他说："现在分享玩具的时间结束了，把你的玩具还给你吧。"这样分享的次数多了，孩子慢慢也就明白分享的含义了。

Tips▸ 分享固然是一种好品质，但孩子的自我意识形成也十分重要。家长要先关注孩子的自我意识，肯定他对自己拥有物品的权利，然后再引导他学会分享，以免影响他对自己物品的判断，不懂得拒绝他人。

妈妈有话说

妈妈知道这是你的玩具，你有权利选择和谁一起玩。就算你不让他玩也没关系，但是妈妈告诉你，你把玩具借给他，他玩一会儿就会还给你的，这个玩具还是你的！

儿子成长日记

你的孩子产生自我意识了吗？他出现了哪些"自私"的行为呢？是否学会了分享呢？请你记录下来吧！

"为什么……为什么" ——思维能力在发展

男孩心里话

为什么天空有时是蓝色的，有时是灰色的？为什么小鸟有翅膀，我没有翅膀呢？……我好想知道答案，这到底是为什么呢？

3岁左右，男孩负责逻辑的左脑开始发育，最明显的特征就是不停地问"为什么"。当你的孩子开始不厌其烦地问"为什么"时，这说明他在动脑筋，正在思考周围的一切，他的思维能力在发展。当然，孩子问你"为什么"时，有时候不仅仅是想要知道答案，因此，父母要试着理解孩子话语深处的意义。

"为什么"语言深处的秘密

当孩子问"为什么"时，他可能是出于好奇，也可能是出于想表达。做一个合格的父母，你就要明白孩子为什么会问"为什么"。

1. 我很好奇，这是怎么回事呢

孩子不停地问问题，说明他们对这个世界进行了观察，并在尝试着获取更多的内容，这是孩子充满好奇心与求知欲的体现。孩子在探索未知世界的过程中，他们期待父母可以解答自己的疑惑。因此，当孩子问你"为什么"时，请你耐心地解答他的疑惑。

2. 我正在思考我想的对不对

随着生活经历的丰富，孩子问的问题也会逐渐具有逻辑性，呈现出一环扣一环的态势，这是孩子爱思考的表现。但有时候，他们不确定自己的想法是否正确，于是，为了验证自己的想法，他们便会向父母寻求答案。因此，当孩子问你问题时，你不能胡乱编造，以免误导孩子，使其产生错误的认识。

3. 我知道这是怎么回事，快来问我

"妈妈，你知道小鸟为什么能在天上飞吗？"当你的孩子这样问你问题时，你会直接回答他吗？别着急，他也许是在向你炫耀呢！此时，他的潜台词很可能是："我知道，我知道，快来问我吧，我告诉你！"

Tips➡ 孩子爱问"为什么"，有时并不是想要一个确切的答案，读懂男孩问题背后的小心思，你才能更好地与他交流。

如何应对男孩的"为什么"

为什么天空是蓝色的？为什么大海也是蓝色的？为什么太阳是红色的？为什么会下雨？……面对孩子一连串的"为什么"，你会怎么做？

1. 尽量回答孩子的问题

当孩子向你提问时，请你尽量回答他的问题，满足他的好奇心，并赞扬孩子爱思考、爱动脑的好习惯。不管孩子提出的问题多么天马行空，或者多么幼稚可笑，你都应该真诚地回答。如果你拒绝回答孩子的问题，可能会打击他动脑思考的积极性。

2. 以反问回应"为什么"

面对不停问"为什么"的好奇孩子，你也可以引导他思考，以反问的方式回应他的"为什么"，让他在思考中慢慢找到问题的答案。例如，当他问你"为什么马要站着睡觉时"，你不妨反问他："你觉得这是为什么呢？"也许孩子会给你一个出乎意料的答案。

3. 忌不懂装懂

如果孩子问出了你不知道的问题，那你不妨和他一起去寻找问题的答案，千万不要不懂装懂，更不要试图转移他的注意力。你不妨对孩子说："这个问题妈妈也不知道，我们一起去书中寻找答案

吧！"为孩子树立榜样，让他知道"知之为知之，不知为不知"的

道理是十分重要的。

Tips→ 保护孩子爱提问的天性，鼓励他提问，你的孩子自然会越

来越聪明。

妈妈有话说

你真棒，很认真地观察了生活。你问的问题有些妈妈也不知

道，我们一起去图书馆寻找答案吧！你说好不好？如果你知道了答

案，一定要告诉妈妈哦！

儿子成长日记

你的孩子开始问"为什么"了吗？他第一次问的"为什

么"是什么问题呢？请你将孩子第一次问的问题记录下来吧！

"我要买这个玩具，也要买那个"——缺乏正确的消费观

男孩心里话

这个玩具真有趣，我想要，我要让妈妈给我买！妈妈给我买玩具就表示爱我，不给我买玩具就表示不爱我了。妈妈一定会给我买这个玩具的。

孩子见到东西就想买，这是缺乏正确消费观的一种表现，也是大多数孩子都会出现的一种行为。

你有没有经历过这样的情况：在商场里，孩子看到了一件新玩具，哭着闹着让你买；在小吃店，孩子看到了别人手中的冰淇淋，哭着闹着让你买；在大街上，孩子看到别人骑了一辆自行车，哭着闹着让你买……孩子为什么会要求你"买买买"呢？你知道他心里是怎么想的吗？

男孩为什么见到玩具就想买

孩子喜欢玩玩具是天性使然，但是见到玩具就想买不值得提倡。对孩子来说，玩具不是非买不可，但为什么他还会强烈要求"买买买"呢？

1. 给我买玩具表示很爱我

物质与爱是不能画等号的，但在孩子看来，爸爸妈妈的爱要通过玩具这种外在物质表现出来，才更容易感受到。因此，很多孩子就将"给我买玩具"与"爱我"画上了等号。

如果父母拒绝给孩子买玩具，孩子就会产生"爸爸妈妈不爱我了"的想法。如此看来，孩子在公共场合哭闹着要买玩具并不是那么讨厌！

2. 乐乐有这个玩具，我也要买

孩子的攀比心理是很强的，当他看到自己的小伙伴有炫酷的玩具时，为了能在小伙伴面前炫耀，他就会央求父母也买同样的甚至是比那个更好的玩具。

如果孩子在让你买玩具时说类似于"乐乐有这个玩具，我也要买"这样的话时，你就需要对孩子进行一番教育了。

3. 家里有钱，爸爸妈妈有钱给我买玩具

有些父母为了不让孩子在经济上受苦，为了弥补没有陪伴孩子

的亏欠，他们便会对孩子有求必应，这也就导致了孩子对金钱没有概念，看到玩具就想买，而不考虑是否浪费钱。

Tips▸ 孩子的消费观念在很大程度上是受父母的影响，父母要做好他们的榜样，引导他们理性消费。

怎样让男孩树立正确的消费观

好习惯需要从小养成，家长要教孩子把钱花在必要的地方，控制自己的购买冲动，做一名理性的消费者。

1. 对男孩的购买冲动冷处理

当孩子提出购物需求时，你不要急着替他做决定，你可以既不拒绝，也不答应，而是让他想一想这件物品是不是必须要买的，如果是可买可不买的，就尽量不买。当然，如果孩子想要拿自己的钱买，就另当别论了。

2. 教男孩学会区分"需要"与"想要"

很多孩子在商场玩具货架处都会"走不动路"，这是因为他们"想要买"某些玩具，而家长往往会以"没用，不需要买"的说辞拒绝孩子的购买要求，这样做往往会引起一场"战争"，使父母和孩子都不快。

为了避免此类情况的发生，家长应让孩子学会区分"需要"与"想要"，让他通过理性的分析决定是否购买。这样不仅可以避免亲子战争，还可以提高孩子的自控力。

3. 鼓励男孩存钱，并用自己的钱购物

现在我们的生活水平普遍提高了，孩子的零花钱也越来越多。家长可以鼓励孩子存钱，并与孩子约定他可以用自己的零花钱买玩具、零食等，家长则需要购买孩子的日常用品，如衣服、鞋子等，而不再支付他的玩具费用。

让孩子学习自己管理自己的零花钱，可以减少冲动消费，让他养成良好的消费习惯。

Tips▸ 定期定量给孩子零花钱，与他一起制作小账本，记录零花钱的收入与支出明细，可以提高他的理财意识，培养他的消费习惯。

妈妈有话说

这个玩具是挺好的，可是我们约定好每个月只买一次玩具，上次我们已经买了孙悟空的金箍棒。要买玩具只能等到下个月了。妈妈很爱你，可是男子汉要遵守约定啊！你说对不对？

儿子成长日记

你的孩子让你"买买买"了吗？他最喜欢的玩具是什么？这个玩具有什么故事呢？请你记录下来吧！

── • 第四章 • ──

情绪行为心理

男孩胡乱发脾气、输不起、把"我不听""我不要""我不去"挂嘴边……这些都是不善于控制情绪的表现，但是你知道此时男孩心里的想法吗？当他表现出这些行为时，你知道应该怎么帮助他吗？了解男孩情绪背后的深层原因，帮你抚平他的不良情绪，建构充满爱的亲子关系。

"我不，我就不"——逆反心理滋生

男孩心里话

我现在还不困，不想睡觉，为什么非得让我睡觉呢？我就不睡，不睡，不睡！妈妈为什么不能听听我的想法呢？我困了自然就会睡了呀！

男孩在3~5岁时容易出现逆反心理，这是儿童成长过程中的第一个反抗期。在这个阶段，"不"成了孩子的口头禅。当你让他去吃饭时，他会说："不，我要吃糖果。"当你让他穿长裤时，他会说："不，我要穿短裤。"当你让他靠右边走路时，他会说："不，我偏要走左边。"孩子为什么会出现这些逆反行为呢？

男孩逆反行为的深层解读

随着男孩自我意识的形成，他的思维能力与行动能力也会逐渐提升，对很多事都有了自己的看法，想要独立完成某件事情，但是由于与父母的想法相违背，孩子就产生了反抗心理，出现了逆反行为。

1. 我很好奇，如果这样做会怎样

男孩对各种事情都有强烈的好奇心，看到新事物他们都想研究研究，例如一直以来他都是听妈妈的话不去水池里玩耍，当他有了自己的想法后，就想感受一下到水池里玩耍是什么感觉。这不是孩子故意与父母作对，而只是出于探索与好奇。

2. 我长大了，有自己的想法了

男孩开始有了自己的想法，也就代表他不再是那个听妈妈话的乖宝宝了，对事情的看法有了自己的见解。此时的孩子迫切地想要表现自己，想要证明给爸爸妈妈看自己已经长大了，于是就会故意与父母对着干，想要引起爸爸妈妈的注意。

3. 我要自己做，不用你们帮忙

寻求独立是逆反期男孩的普遍追求，他们觉得自己是大人，而在家长眼中，他们还是孩子。这种相互对立的想法是造成孩子逆反的主要原因。于是就出现了孩子想要自己完成某件事情，但是父母不放心，要帮忙时反而引起了孩子的反感与排斥。孩子这是在对你说："我有能力做这件事，你要相信我！"

男孩逆反，家长怎么办

男孩出现逆反心理是成长中的正常现象，这在很大程度上也与父母的养育方式有关，父母不应将孩子的逆反行为完全归咎于"不听话"，而应主动反思自己的养育方式。面对逆反期的孩子，家长应该怎么办呢？

1. 不过分保护，给予男孩探索的空间

有些父母担心男孩受伤，总是包办代替，于是孩子形成了独立的意识，却没有表现自我的机会，从而刻意表现出逆反行为。因此，父母应该给孩子提供独立探索的空间，让孩子做自己想做的事情。

2. 聆听男孩的想法，尽量尊重男孩的意见

强制性的父母更容易养育出叛逆心强的男孩，父母的一意孤行往往会让孩子的逆反心理更强。因此，父母要多聆听孩子的想法，了解他的内心世界，在某些非原则性的问题上，完全可以尊重他的意见。

3. 不唠叨，不抱怨，与男孩站在同一战线

当男孩出现逆反行为时，父母的唠叨与抱怨不仅于事无补，还会雪上加霜，激起孩子更多的反叛情绪。要知道，父母与孩子不是矛盾的对立面，请你试着与孩子站在同一阵营，为他着想，你会发现他还是那个可爱的小男孩。

妈妈有话说

你不想睡觉是不困吗？那我们可以再玩一小会儿。但是为了明天能有好精神，玩完后即使不困也要睡觉哦！

儿子成长日记

你的孩子步入逆反期了吗？你有因为他的叛逆行为而感到崩溃吗？将你与孩子的"斗争"过程记录下来吧！

爱哭鼻子的小男生——宣泄不良情绪

 **男孩心里话**

为什么爸爸妈妈不给我买变形金刚的玩具？不给我买我就哭，我一哭就会给我买了！

当男孩哭泣时，很多父母都会责备孩子说："男孩不要像女孩一样哭哭啼啼的，男子汉要坚强，不能哭。"其实，不论是男孩还是女孩，哭泣都是他们宣泄情绪的一种表现。当男孩哭泣时，父母不要总是强调"不要哭，不准哭"，让他们将心中的委屈发泄出来，他们才能继续接收更多积极的信息。

哭与笑一样，都是人们正常生理情绪的表露，是表达自我感情的一种外在方式。男孩偶尔通过哭泣发泄情绪是很正常的，父母不必阻止他哭泣。但面对孩子的选择性啼哭、频繁性啼哭，父母则要引起注意，这可能是孩子在向你表达不满。

1. 要挟式啼哭——我一哭，爸爸妈妈就都听我的

平时有说有笑的小男孩，看到喜欢的物品就要买，不买就哭，这说明孩子已经抓住了你的软肋。请你想一想：当你和他僵持不下时，是否有过他一哭你就妥协退让的时候？孩子是很聪明的，你的妥协让他知道了"只要我一哭，爸爸妈妈就会投降"，于是眼泪就成了他"对付"你的武器。

面对孩子这样的要挟式啼哭，父母不应太过在意，请你试着让他冷静下来，然后与他讲道理，不要让他的眼泪弄得你手足无措。

2. 委屈式啼哭——不是我的错，冤枉我了

男孩被冤枉、受委屈的时候经常会闷声啜泣，他这是在用哭泣的方式表达不满。当你与孩子争论不休时，当你不相信他说的话时，当你冤枉了他时，他大都会通过哭泣表达自己的委屈，此时他的潜台词是："不是我的错，你冤枉我了。"

当你冤枉了孩子时，请你主动向他道歉，并请求原谅。不要一味地制止他："别哭了。"更不要说："这点小事有什么大不了的，有什么好哭的！"请你试着理解孩子的情感，不要否定他。

3. 愧疚式啼哭——对不起，是我做错了

当男孩发现自己做错了事情后，他们也会流下愧疚的泪水。此时的哭泣代表他们承认了自己的错误，是一个好的预兆。

当你的孩子因为愧疚而流泪时，请你表扬他，并让他知道："知道自己错了很重要，知错就改还是好孩子。"

Tips▶ 孩子哭鼻子是很正常的现象，在哭泣的过程中，泪水会将体内多余的有害化学物质"冲走"，对健康也是有利的。

妈妈有话说

有什么想法咱们可以好好说，可以慢慢商量，你哭算是怎么回事呢？妈妈不会因为你哭就满足你的要求，你要学会长大，知道吗？

儿子成长日记

你的孩子会用眼泪作为要挟你的武器吗？他令你印象最深的哭泣是哪一次呢？为什么哭泣呢？

_____

_____

_____

胡乱发脾气——自控力差的表现

 **男孩心里话**

我也不想发脾气，可是妈妈总说我作业写得不好，我已经很认真写了，真讨厌！真想把作业本撕掉！

发脾气是男孩成长过程中的一部分，几乎每一个孩子都发过脾气。我们都知道发脾气不好，会伤人，大部分孩子也知道这一点，但是由于自控力差等原因，在面对一些事情时，他们还是免不了发脾气。因此，家长要了解孩子发脾气的原因，并正确对待发脾气的孩子。

男孩为什么发脾气

男孩发脾气、闹情绪是成长过程中不可避免的情绪行为，大多是为了达到某种目的、满足某种需求。那么，孩子到底为什么会胡乱发脾气呢？

1. 都要听我的，不听我的就不行

由于父母的溺爱，很多孩子都觉得自己就是"一家之主"，自己说的话就是"圣旨"，不允许有不同的意见。于是，当家长的想法和做法与男孩相悖时，他们就会发脾气表达自己的不满，宣泄自己的愤怒。所以，请你不要怪孩子的脾气大，也许正是你一次次的纵容与溺爱助长了他的坏脾气。

2. 我不高兴，需要发泄

在生活中遇到不如意的事情时，很多孩子都会大发脾气。虽然他们在事后也觉得自己做得不对，觉得自己脾气太大，并承诺会改正，但是再遇到类似的情况时，他们还是无法控制自己的情绪，这就是典型的自控力差的表现。

3. 妈妈这样做，我也这样做

父母的行为会潜移默化地影响孩子，不论是好的行为还是不好的行为。如果父母在遇到不好的事情时总是大发脾气，孩子慢慢就会学着用这种方式面对不好的事情。因此，当你的孩子胡乱发脾气时，请你先想一想，是不是自己树立了不好的榜样。

4. 我身体不舒服，太难受了

孩子生病时脾气很暴躁，这是因为身体的不舒服导致了心里烦

躁，他们自然也就无暇考虑控制情绪这件事了。由于生病的孩子心理较脆弱，家长应该给予特别待遇，但是当他们痊愈后，特别待遇一旦取消，孩子就会很难适应这种心理落差，于是也会发脾气。

家长如何应对发脾气的男孩

男孩脾气大，控制情绪的能力差，家长要怎么做呢？

1. 听听男孩的想法

对孩子来说，讲道理比强制要求更管用。当孩子发脾气时，你不妨听一听他的想法，不要一味地强调发脾气是不对的。要知道，发现并解决问题才能让孩子越来越优秀。

Tips▸ 不要和牛脾气的孩子硬碰硬，聪明的家长是不会和孩子对着干的。

2. 教男孩控制自己的情绪

"不想发脾气，结果就是忍不住"，很多大人都会这样解释自己发脾气的行为，大人尚且如此，更何况孩子呢？因此，当孩子发脾气时，请你试着理解他，并教他学会控制自己的情绪，例如，你可以告诉他："当你想要发脾气时，先数五个数，连续数三遍，并深呼吸三次。"

3. 做好男孩的榜样

家长的榜样力量是不可忽视的。家长要学会控制自己的情绪，不要以暴制暴，更不要试图通过欺骗的方式哄孩子。当你想要发脾气时，也请你在心中默数，不要让你的坏脾气伤了孩子的心。

妈妈有话说

妈妈知道你不是故意发脾气的，也知道发脾气不好。那我们约定以后如果想发脾气的话就"时间暂停"好不好？等心情平静下来再谈，你觉得怎么样？

儿子成长日记

你的孩子脾气大吗？遇到不顺心的事情时会冲你发脾气吗？他发脾气的时候你是怎么做的呢？

善变的男孩——不善于调节情绪

 男孩心里话

我开心的时候就笑，难过的时候就哭，这样做不对吗？为什么妈妈总说我是个"善变的男孩"，到底是夸我呢还是笑我呢？

我们常说孩子的脸就像六月的天，说变就变，往往前一秒还在捧腹大笑，下一秒就号啕大哭。说变就变的情绪往往让很多父母都摸不着头脑，不知如何是好。面对善变的男孩，父母要试着尊重、理解男孩的情绪，抚慰男孩的心灵，并教男孩慢慢学会控制自己的情绪。

善变的男孩很单纯

善变的男孩往往将自己的情绪表露在脸上，他们的高兴、不高

兴你都可以看出来，这样的男孩很单纯。那么，男孩的情绪为什么说变就变呢？可能有以下几种原因：

1. 我开心的时候就笑，难过的时候就哭，这不是很正常吗

男孩的情绪变化是他们心理活动最直接的体现。男孩有自己的想法，有自己的喜怒哀乐，但是由于他们还不善于控制自己的情绪，所以心理活动常常会表现在脸上。在他们看来，开心的时候就笑，难过的时候就哭，这是很自然也是很正常的事情。

2. 妈妈说话不算数，我讨厌妈妈

大人说话不算数、出尔反尔会让男孩的情绪变得喜怒无常。很多父母都教育男孩要信守诺言，但却总是以"工作忙""下次再说"为借口推脱自己对男孩的承诺。在希望与失望之间徘徊，男孩的情绪波动较大，他们就很容易变得暴躁易怒、善变不安。

3. 刚才发生了什么事？我忘记了

没常性、没定性是男孩的性格特点，他们不会总是将注意力集中在一件事情上，如果有其他事情吸引了男孩的注意力，他们很快就会忘记自己当前的情绪，转而投入到另一件事情中，这也是令很多父母哭笑不得的一件事。

Tips➤ 如果男孩对父母忽冷忽热，情绪不定，则代表男孩与父母

之间存在情感隔阂，父母需要多给予孩子一些关爱，让孩

子感受到被爱，感受到幸福。

男孩很善变，妈妈怎么办

情绪善变的男孩很单纯，他们的心理活动都表现在了脸上。但是善变对男孩今后的社交会产生不利的影响，因此，妈妈在养育男孩时要教男孩学会控制自己的情绪，培养男孩的情商。面对善变的男孩，妈妈可以从以下几个方面入手：

1. 为男孩树立榜样，说到做到

男孩的情绪波动与家长有很大的关系，家长的情绪变化无常，孩子也大多善变。当你发现自己的孩子善变时，请你先反思是不是自己树立了不好的榜样。另外，家长还应注意对孩子说到做到，不要出尔反尔，很多孩子善变情绪的形成都是家长一次次不信守承诺导致的。

2. 转移男孩的注意力

当男孩的情绪波动较大时，家长可以采取转移注意力的方式，将孩子的注意力引导到别的事上，他们就会慢慢忘记此刻的情绪。

3. 教男孩用其他方式表达自己的情绪

不论是好的情绪还是不好的情绪，都是需要释放的。善变的男孩主要通过脸部表情或身体行为来表达自己的不满情绪，任由不好的情绪发酵，家长可以教孩子用其他可取的方式表达并缓解自己的不良情绪，如将自己的想法说出来，用唱歌、跑步等方式宣泄不良情绪，通过游玩等方式缓解悲观情绪。

妈妈有话说

妈妈知道你是个单纯善良的男孩，但是你在慢慢长大，要学会控制自己的情绪，不能一不高兴就不管不顾，由着自己的性子来，知道吗？

儿子成长日记

你的孩子是个善变的男孩吗？有哪些时候他让你哭笑不得呢？将你与他的相处趣事记录下来吧！

输不起的男孩——不可缺少的"挫折教育"

 **男孩心里话**

我不要输，我要赢！输了就不是聪明孩子了，输了就是笨，就不好。我一定要赢，不能输！

男孩具有很强的好胜心，这可以让他在做事时更积极，更努力，但也为他的成长带来了一些负面影响——输不起。很多家长都有这样的体验：孩子玩游戏输了会发脾气，或者在快要输的时候说不玩了、重新玩等。虽然家长也告诉过孩子输了没关系，但并没有什么作用。那么，孩子到底为什么输不起呢？

男孩为什么输不起

无论什么事，孩子都希望自己能做得最好，比别人都强，由于孩子没有摆正自己的心态，没有经历过失败，于是当他们失败时，就会变得不可理喻，无法接受这个结果。父母要想让孩子输得起，就要先了解他为什么输不起。

1. 输了就是无能，就是笨

很多男孩误以为输了就代表无能，就是笨。于是为了不让他人看轻自己，为了获得他人的认同，孩子便害怕输，不敢输。究其原因，很可能是父母在教育孩子的过程中强调赢，而对输的行为表现出不满、不屑，如孩子与爸爸玩游戏时，爸爸输了，妈妈说："你输了，真笨！"虽然这是调侃，大人对此不会在意，但是孩子会在头脑中形成"输=笨"的想法，于是渐渐变得输不起。

2. 我没输过，更不想输

好胜心是男孩与生俱来的一种性格，在孩子还小时，他们会因为输了而哭闹，有些父母为了阻止孩子的哭闹，便会故意让着孩子，孩子一直体会胜利的喜悦，便习惯了赢。当他偶尔输一次时，就难以接受，因而会表现出输不起。这主要是因为孩子没有正确地认识失败，没有经历过挫折。

3. 我不想比别人差

很多输不起的男孩都有一个永远打不败的对手，那就是"别人家的孩子"。家长对孩子寄予厚望，希望他成为所有孩子中最优秀的那一个，在这样的想法下，很多家长都会将自己的孩子与别人的孩子做比较，为了不比那个"完美的他"差，为了让父母看到自己的能力，很多孩子便会产生强烈的好胜心。

男孩输不起，妈妈怎么办

男孩输不起在很大程度上是家长造成的，家长对输赢的态度、对孩子输或赢之后的评价等都会影响孩子的好胜心。因此，要让孩子输得起，家长要注意自己的说话方式。

1. 强化过程描述，弱化对结果的评价

在与孩子玩游戏过后，不论输赢，家长都要强化对游戏过程的评价，弱化对结果的评价。

家长可以夸孩子在游戏中的认真投入，夸他用心思考，让他享受参与游戏的过程，而不要过于注重游戏的结果。经历过失败，孩子也就不会再害怕失败了。

2. 肯定男孩的努力

肯定男孩的努力比夸赞他聪明更恰当，不论最后是否成功，家长都应肯定孩子为之所付出的努力，对孩子说："因为你的努力，所以成功了。"而不要说："你真聪明，所以才成功了。"家长应引导孩子将自己的成败都归结到是否努力，而不是是否聪明，这样孩子才会意识到成功是可控的，是由自己决定的。

3. 成为男孩的忠实粉丝

很多家长都会忽视自己孩子的优点，抓住他的缺点不放。请你试着换一个角度看待自己的孩子，请你成为他的忠实粉丝，理解他，支持他，不要拿他与"别人家的孩子"做比较。爱他，就不要担心他有缺点，不要害怕他输。

Tips▸ 不要为了让孩子赢而故意输，这样只会让他更加输不起。

妈妈有话说

输赢都是很常见的事，输了并不代表你很弱，也许你再努力一点就赢了。即使你输了，也不会有人瞧不起你。

儿子成长日记

你的孩子玩游戏输了会有什么反应呢？他会冲你发脾气还是自己慢慢消化呢？请你将孩子的表现记录下来吧！

_____

_____

不耐烦的"我不听"——"超限效应"在作祟

男孩心里话

我已经知道这样做不对了，可妈妈还总是说个不停，真啰唆，我不想听了，赶快停止吧！

超限效应指的是刺激过多、过强或作用时间过久而引起的心理上的不耐烦或逆反现象。在教育孩子的过程中，家长要注意不要触犯了孩子心中的"超限"，以免事与愿违，不仅得不到孩子正面的反馈，还会引起他的不耐烦。

男孩为什么不耐烦

很多时候，男孩都会把父母的话当耳边风，不予理会，甚至有时候会直接顶撞父母，大声喊叫："我不听！我不听！"孩子为什么会对父母表现出如此的不耐烦呢？孩子心里到底是怎么想的呢？

1. 妈妈真啰唆，我不想听

在与孩子交流的过程中，很多父母尤其是母亲，大多会滔滔不绝地教育孩子，说再多也觉得不够；而孩子会觉得妈妈这样很啰唆，不想听。当妈妈的话达到孩子心中的"超限"时，他就会变得不耐烦，甚至反感这次对话。结果不管妈妈的出发点多么正确，孩子所能想到的也只是"以后再也不跟妈妈进行谈话了，她好烦"。

2. 妈妈总批评我，我就装作没听见吧

当男孩做错事后，有些家长会十分严厉地责备孩子，当家长的行为达到孩子心中的"超限"时，孩子就会采取消极应对的态度。本来已经认识到错误并决心改正错误的孩子会慢慢反感父母的说教，对父母的指责与批评充耳不闻，假装听不见，这也是孩子逃避指责的一种方式。

Tips▸ 批评多了会引起孩子的反感，同样的，表扬多了也会让孩子无感，起不到积极的作用。

3. 妈妈你说什么，我没听到

当男孩专注做自己喜欢的事情时，他可能真的没有听到父母对他说话，此时，家长要相信孩子，不要打断他正在进行的事情。如

果你试图打断孩子正在进行的事情，他可能会因为反感而故意对你说的话置之不理。既然如此，你为什么要引起孩子的反感呢？

男孩没有耐心听父母讲话怎么办

家长苦口婆心的劝说孩子不一定领情，反而会觉得你很烦。当然，当孩子犯错时，家长也不应闭口不言，置之不理。那么，家长怎么做才能起到最好的教育效果呢？

1. 坚持三分钟教育

男孩没有耐心听你的长篇大论，将道理以浅显易懂的方式讲出来，只需要三分钟，孩子就可以完全明白你要表达的意思，也会认真地思考你说的话，认真反思自己的行为。请你不要低估了孩子的理解能力，试试三分钟教育吧！

2. 用友善的方式与男孩交流

当男孩犯错后，很多父母在教育他们时都会摆出一副高高在上的姿态，给他们一种被审判的感觉。在这种气势的压迫下，男孩自然也不想与父母交流，产生强烈的抵触心理。因此，家长应尊重孩子，用友善、平和的方式与他们交流，做他们的贴心好友。

3. 让男孩自己承担后果

当男孩坚决按照自己的想法做事时，你可以试着放手，让他去尝试，成功了固然可喜，失败后他也会尝到任性的苦果，并懂得要适当地接受父母的建议。

妈妈有话说

妈妈知道你是个好孩子，妈妈也不想总批评你，不过如果你想谈谈，随时都可以来找妈妈。

儿子成长日记

你的孩子会对你说的话充耳不闻吗？你与他因为这个问题发生过矛盾吗？请你回想一下他有哪些进步。

─── • 第五章 • ───

生活行为心理

　　男孩一边吃饭一边玩、不爱做家务、沉溺于电子游戏……男孩在日常生活中表现出这些行为，除了"不听话"，你还知道用什么词来概括吗？你知道男孩的心理诉求吗？关注男孩的日常行为，了解男孩的内心想法，你与他才有更多的共同语言。

爱洗澡VS不洗澡——洗澡也是玩游戏

 **男孩心里话**

我正在玩游戏，不想去洗澡。妈妈真讨厌，怎么总是打断我呢？我不去洗澡，不去……

有些孩子喜欢洗澡，有些孩子不喜欢洗澡，对很多父母来说，给孩子洗澡成了生活中每天要解决的难题之一。爱洗澡的孩子不愿意从澡盆里出来，而不爱洗澡的孩子强烈抵制进入澡盆，这两种截然相反的行为令很多父母感到头疼。因此，了解孩子爱洗澡与不爱洗澡的原因十分重要。

男孩为什么爱洗澡

孩子一进入洗澡盆就欣喜若狂，洗完澡也不想出来，这是为什么呢？

1. 洗澡就是玩游戏

对很多孩子来说，洗澡就是玩游戏，不过这个游戏的环境比较特殊，是在水里玩的，主要的游戏内容是玩水。所以孩子在进入澡盆后会胡乱扑腾，这是孩子高兴的表现。

2. 洗澡很舒服

洗澡时全身都浸泡在水里，孩子会觉得很舒服。而且，他们在洗澡时可以全身脱光，不用再穿衣服了，这对孩子尤其是低龄孩子来说，简直是梦寐以求的事情。

3. 水里玩具多

孩子在澡盆里洗澡时，澡盆里会放各种各样的小玩具，如会游泳的鸭子、小鱼等，这些有趣的玩具给孩子带来了无穷的乐趣，他们自然愿意洗澡。

Tips▸ 对爱洗澡的孩子，父母可以让他们洗得时间长一些，但要注意控制室内的温度以及洗澡水的水温，洗澡时间最好不要超过30分钟，以免孩子感冒。

男孩为什么不爱洗澡

男孩一进澡盆就哭，一说要洗澡就很抵触，甚至号啕大哭，这是为什么呢？

1. 怕水

你的孩子有没有洗澡的不好经历？比如，在洗澡时被水呛到了，头不小心磕到澡盆上了，水温很凉让他身体不舒服。这些不好的经历都会让孩子对洗澡留下不好的印象，让他觉得水很可怕，因而害怕洗澡。

对策：父母可以先与孩子一起玩水，等他对玩水产生兴趣后，父母就可以带着孩子高高兴兴地洗澡了。

2. 洗澡不好玩

对孩子来说，洗澡就是玩游戏，但是如果父母给这个游戏加上了条条框框，比如不许玩水，要在规定的时间内洗完，不能让水洒出来等，孩子就会觉得这个游戏不好玩，因而就会抵触洗澡。

对策：父母也可以将给孩子洗澡看成是玩游戏，在洗澡的过程中与孩子互动，让孩子在洗澡时不但不觉得无聊，而且很享受这个过程。

3. 给他洗澡的人换了

如果一直都是妈妈给孩子洗澡，可是随着孩子逐渐长大，开始由爸爸给孩子洗澡，孩子会觉得不习惯、不适应，也就不再喜欢洗澡了。

对策：在孩子还小时，爸爸妈妈可以一起给孩子洗澡，以避免因为后期要换人孩子不适应。当然，如果孩子喜欢自己洗，父母可以在一旁看护。

4. 正在玩的游戏被打断了

当孩子正沉浸在自己的游戏中时，父母突然要求他去洗澡，毫无疑问，孩子会很生气，便会故意与父母对着干。其实这不是孩子不喜欢洗澡，只是他们需要借助这种方式发泄自己的不满情绪。

对策：父母可以与孩子约定洗澡时间，并严格按照这个时间执行。为了避免孩子被中途打断，在接近洗澡时间时，父母可以提前提醒孩子要去洗澡了。给孩子一个缓冲的时间，他们在心理上会更容易接受。

Tips▸ 为孩子创造适宜的洗澡环境，保证水温适中、室温适中，孩子会慢慢爱上洗澡。

妈妈有话说

妈妈知道你是个讲卫生的好孩子，肯定会去洗澡的。妈妈这么突然叫你去洗澡是妈妈不对，那你再玩一会儿，等你觉得准备好了再去洗澡好吗？

儿子成长日记

　　你的孩子喜欢洗澡吗？在洗澡时你们都会做什么游戏呢？将你们有趣的活动记录下来吧！

一边吃饭一边玩 —— 被压抑的天性

 **男孩心里话**

　　动画片要开始了，我要看动画片，不要影响我看电视。我刚才吃了一口饭，不要再打扰我看电视了。

　　孩子吃饭时坐不住，总是边吃边玩，很多父母都被这个问题困扰。在很多家庭中，吃饭就是一场"你跑我追"的游戏，孩子在前面跑，父母拿着饭碗在后面追，追上就喂一口。这样的吃饭习惯不利于食物的消化与吸收，而且，孩子还会觉得父母这是在跟他玩游戏，于是玩乐之心更强，更难静下心来坐在座位上用餐。

男孩为什么喜欢边吃边玩

　　我们都知道边吃边玩不利于食物的消化和营养的吸收，长此以往，容易导致消化系统紊乱，不利于身体健康。但是孩子吃饭时就是坐不住，好像与吃饭相比，其他的事更重要，这是为什么呢？

1. 这个时间动画片要开始了

每个人都有自己喜欢的电视节目，对孩子来说，动画片无疑是他们的最爱。很多家庭吃饭的时间就是动画片开始播放的时间，于是，孩子就需要在看动画片与吃饭之间抉择，由于无法抵挡动画片的诱惑，孩子就会选择不吃饭或者快吃几口。然后去看动画片。

2. 在家里很自由，我想要跑一跑

男孩是活泼好动的，尤其是五六岁的小男孩，他们在幼儿园里被约束了一天，回到家后就想尽情地撒欢玩乐。当他们还没有玩够时，自然不会将注意力转移到吃饭上。而家长则会强烈要求孩子吃饭，还不能吃太少。由于双方想法不统一，就会出现大多数家庭中经常上演的"吃饭大战"。

3. 我喜欢这个玩具，吃饭也要拿着

在男孩看来，玩具是他的伙伴，是他的朋友。在某个时期，孩子钟爱的某件玩具会与他形影不离，吃饭要拿着，睡觉也要拿着。拿在手里，看在眼里，孩子的注意力自然就会被心爱的玩具吸引过去，于是便在吃饭时分心，或者索性不吃了，要去玩玩具。

Tips ► 玩是孩子的天性，家长不应抹杀孩子的天性，但要注意让
孩子养成良好的用餐习惯。

男孩边吃边玩怎么办

家长发现孩子不好好吃饭，边吃边玩时，一定要及早纠正孩子
的不良用餐习惯。家长可以从以下三个方面做起：

1. 让男孩一起布置餐桌

在吃饭前，家长可以让男孩一起帮忙布置餐桌，如摆碗筷、端
凉菜等，在劳动的过程中，孩子会觉得这顿饭有自己的劳动成果，
因此会对吃饭充满期待，在吃饭时自然会乖乖地坐着。

2. 排除进餐干扰

孩子的注意力是很容易转移的，电视节目、玩具或是其他新奇的
东西都很容易吸引孩子的注意力。因此，在用餐时，家长应提前关掉
电视，让孩子将自己的玩具、书本等收拾好放在一旁，排除这些东西
对孩子的进餐干扰，在良好的进餐氛围中，孩子自然会专心用餐。

3. 多表扬男孩的积极行为

当孩子坐在座位上专心地吃完一顿饭后，家长应及时表扬孩
子，如夸孩子长大懂事了，夸孩子用餐习惯好。孩子受到父母的表
扬后便会对吃饭产生快乐的记忆，也就不会排斥吃饭了。而且，为

了维持自己在父母心中的良好形象，孩子便会继续朝着好的方向努力。

Tips▸ 当孩子坚持要玩，不吃饭时，家长可以让孩子俄一顿，并在适当的时机对孩子进行教育，这样孩子就知道要按时吃饭了。

妈妈有话说

妈妈知道你想看动画片，可是边吃饭边看电视对身体不好。我们先吃饭，然后再一起看动画片好吗？如果你表现好的话，还可以得到一个小礼物哦！

儿子成长日记

你的孩子养成良好的用餐习惯了吗？他会边吃边玩吗？请将孩子的成长与转变过程记录下来吧！

抱着枕头睡觉——缺乏安全感

男孩心里话

　　抱着枕头睡觉很舒服，有枕头在，我自己睡觉就不害怕了。妈妈为什么非要把枕头拿走呢？我想要抱着枕头睡觉……

　　很多父母都发现孩子在睡觉时喜欢抱着枕头，一旦把枕头拿走，他就会很警觉，甚至哇哇大哭表示抗议。为什么孩子要抱着枕头睡觉呢？如果说这是孩子恋物的表现，那么为什么在白天不睡觉时孩子对枕头却不屑一顾呢？

男孩为什么要抱着枕头睡觉

　　孩子在睡觉时对枕头"情有独钟"，没有枕头就很难入眠，这可能是因为孩子的睡姿不正确或是缺乏安全感。父母要试着理解孩子的感受，慢慢帮助孩子改正睡觉的习惯。

1. 这样睡觉很舒服

舒服的睡姿会让我们很容易入眠，在睡觉前，大多数人也都会找一个舒服的睡姿，久而久之，人们就形成了自己的入睡姿势，并保持这种睡姿习惯。孩子也是如此，当他发现抱着枕头睡觉很舒服时，他就慢慢养成了抱着枕头睡觉的习惯，一旦把枕头拿走，男孩就会因为入睡姿势的改变而无法快速入睡。

2. 这样睡觉不害怕

随着孩子的成长，孩子与父母分床睡、分房睡势在必行。当孩子刚开始独自睡觉时，他们会觉得害怕，而枕头就成了代替父母的陪伴物，可以让孩子获得更多的安全感，不再感到害怕。慢慢地，孩子睡觉时就离不开枕头了。

3. 这样睡觉很安全

如果父母陪伴孩子的时间很少，孩子就会变得异常敏感，缺乏安全感。孩子在睡觉时也会想要保护自己，以免自己受到伤害，而抱着枕头睡觉可以给予他们安全感，让他们感觉这个睡眠环境是安全的。

男孩喜欢抱着枕头睡觉，妈妈怎么办

孩子抱着枕头睡觉主要是缺乏安全感的表现，而缺乏安全感会让孩子变得敏感多疑，不利于孩子身心的健康发展。因此，父母要用心与孩子相处，让他感受到父母的爱与关怀，以培养他的安全感。父母可以从以下几个方面具体实施：

1. 营造舒适的睡眠环境

良好的睡眠环境有助于孩子形成正确的睡姿。当房间的亮度、温度等都适宜，房间的风格让孩子感觉温暖时，孩子会以最舒服的睡姿最快入眠。因此，父母可以与孩子共同布置他的卧室，如在卧室的墙上挂上全家福，在床头放置他喜欢的玩具等，让他在自己熟悉而喜欢的环境中睡觉，他自然会睡得更香，不会因为难以入眠而抱着枕头睡觉。

2. 多陪伴男孩

父母的陪伴会让男孩获得心理上的满足，让他对周围的环境不再那么敏感。在不上班的时间，父母应多陪伴孩子，不要忽视了孩子的情感需求，即使是和孩子一起玩游戏，跟孩子一起吃饭，只要父母与孩子在一起，男孩也会感到安全踏实，不再害怕睡觉。

3. 多与男孩亲密接触

父母与孩子亲密的身体接触会让孩子感到温暖舒心。例如，妈妈可以用自己的手抚摸孩子的后背；每晚睡觉前，妈妈都亲吻孩子的额头并互道晚安；一边唱催眠曲一边轻拍孩子。父母与孩子的亲

密接触会让孩子感受到父母对自己的爱，有助于孩子自信乐观地
成长。

妈妈有话说

如果你害怕自己睡觉，你可以叫妈妈，妈妈会来陪你。但你不
要抱着枕头睡觉，睡眠姿势不正确，你的身体会不舒服的！

儿子成长日记

你的孩子开始独自睡觉了吗？他会抱着枕头睡觉吗？你们
有哪些睡前活动呢？请将你们美妙的亲子时光记录下来吧！

_____

_____

_____

不爱做家务——被宠出来的懒惰

 男孩心里话

今天我高高兴兴地帮妈妈擦桌子，结果妈妈说我擦得不干净，还说让我离远点。我很难过，我以后再也不做家务了！

很多孩子都过着"衣来伸手，饭来张口"的生活，他们不会主动帮助父母做家务，甚至讨厌做家务。大部分父母都将孩子的这种行为归结于"懒惰，不体谅父母"，可实际上，正是父母一次次的溺爱才让孩子养成了"十指不沾阳春水"的习惯，变得懒惰。

男孩为什么不爱做家务

在当今的社会环境下，男孩在家里就是"小皇帝"，被爷爷奶奶、爸爸妈妈宠着。除了学习，家长基本不会要求孩子再做什么。而且，家长对待家务活的态度也会影响孩子的态度。总体来说，孩

子不爱做家务主要有五个方面的原因：

1. 我什么都不会做，就不做了

很多家长都十分宠爱自己的孩子，担心他们做家务时受伤，于是什么家务活都不让孩子做，当孩子自己想做家务时，家长也会对他说："你待着就好，不用你做这些。"久而久之，孩子就什么家务活都不会做，也没有做家务活的意愿了。

2. 做不好被批评，还不如不做

当孩子试图帮助父母减轻家务活的负担时，由于他们的动手能力较差，孩子往往不能达到父母的要求。于是有些父母便会批评孩子，这会让孩子感到伤心难过。有过这样的经历，孩子便会产生"做不好家务会被批评，还不如不做"的想法。

3. 我作业太多了，没时间做家务

很多家长都十分看重孩子的学习成绩与特长培养，于是家里也成了孩子学习的课堂。除了写学校里的作业，孩子还要写家长额外布置的作业，上特长班学习等。孩子的时间都被这些事情填满了，自然也就没有时间做家务了。

4. 做家务这么累，我才不做呢

家长总是抱怨做家务太累，孩子便会在不知不觉间受到影响，觉得做家务是一件很烦很累的事情，于是他们便讨厌做家务。

5. 家务活不是男孩子应该干的

有些家长有着男尊女卑的思想，觉得家务活不是男孩应该干的事情。当孩子主动帮忙做家务时，这些家长不仅不夸奖他，反而批评他。这也就使得孩子产生了错误的认知，不再做家务。

怎样才能让男孩爱做家务活

做家务不仅可以锻炼孩子的动手能力，还有助于孩子的大脑发育。要让孩子养成爱做家务活的好习惯，家长可以这样做：

1. 从小培养男孩做家务的意识

3岁的孩子可以整理自己的衣物，5岁的孩子可以参与一些简单的家务劳动，9岁的孩子则较容易产生懒惰心理。因此，家长要从小培养孩子做家务的意识，在他力所能及的范围内，鼓励他帮忙。

2. 制订家务劳动分工计划

让男孩参与到家务劳动中，共同制订家务劳动分工计划，这会起到激励孩子的作用。父母不要因为担心孩子做不好就全权代劳，否则孩子就无法得到锻炼。家长与孩子按照分工计划表共同完成家务劳动，孩子会逐渐认识到自己在家务劳动中的价值。

3. 肯定男孩的成果，不提过高要求

孩子做家务不像大人一样熟练，他们无法像大人做得一样好，

因此，家长不应对孩子提出过高的要求，以免打击孩子的积极性。家长应及时地肯定孩子的工作成果，让孩子受到鼓励，更积极主动地参与到家务劳动中。

Tips▸ 不要将家务活看成一种负担，做家务是生活中的一部分，享受做家务的乐趣，你与孩子都会多一份快乐。

妈妈有话说

今天你帮妈妈擦桌子，妈妈批评了你，是妈妈不对。妈妈知道你不是个小气的人，你不会生妈妈的气吧？以后我们一起做家务好吗？

儿子成长日记

你的孩子主动帮你做家务了吗？他现在能做哪些家务活呢？请你将孩子的成长变化记录下来吧！

沉溺于电子游戏——寻求另类满足感

男孩心里话

我也知道玩游戏不好，可是我就是控制不住自己，总想继续玩。而且，其他的同学都玩，就我自己不玩，我跟他们就没有共同语言了。

很多男孩都会沉迷于电子游戏，一旦陷入游戏中，就无法自拔，严重影响了孩子的学习与日常生活。家长强烈地反对与阻止只会让孩子的玩乐之心更重。长期沉迷在游戏中，孩子会对现实生活越来越不满，家庭的生活质量也会受到影响。因此，走进孩子的内心世界，了解孩子的想法，是家长解决此类问题的最佳方式。

男孩沉溺于电子游戏的心理解读

很多男孩玩游戏玩得不亦乐乎，甚至会为了玩游戏而不吃饭、不睡觉。很多家长困惑不解：为什么电子游戏有这么大的吸引力？其实，孩子沉溺于电子游戏，并不仅仅是因为游戏好玩，还有更深层次的原因。

1. 游戏可以承载孩子的内心世界

男孩的心思虽然不像女孩一样细腻，但他们的内心世界也是很丰富的，也需要一个表达自己内心感受的平台。而父母的忽略与冷落则会促使孩子逃离现实世界，在电子游戏中寻求安慰。现实生活中的冷落与游戏世界中的安慰形成了鲜明的对比，两相比较，孩子自然会选择令他感到温暖的游戏世界。

2. 孩子在游戏中可以成为英雄

沉迷于电子游戏的孩子大多是学习成绩较差的，由于在学习上不占优势，心理得不到满足，孩子便将自己的心理需求投射到游戏中。男孩喜欢的大多是带有冒险、刺激、打怪升级类的游戏，在游戏中，孩子可以成为众人敬仰的英雄，也可以成为无所不能的战士，从而产生成就感和归属感。于是，孩子便乐此不疲地沉溺于玩游戏，陷入"学习成绩差——玩游戏——学习成绩更差"的恶性循环。

3. 大家都玩，所以我也要玩

孩子的行为在很大程度上会受到同龄朋友的影响，这也就使得很多孩子都盲目跟随群体的选择。孩子会觉得"如果大多数人都玩电子游戏，只有自己不玩，自己跟他们就没有共同语言了，会被群体排斥"。于是，为了追随"大部队"，很多孩子都会选择玩游戏。

如何让男孩远离电子游戏

孩子沉溺于电子游戏不仅会浪费大量的时间、金钱，电子游戏中的暴力画面、"一言不合就开打"的游戏模式还会模糊孩子的道德认知，使其习惯于以暴力手段伤害他人，甚至出现违法犯罪行为。因此，家长应引导孩子从游戏中走出来，让孩子远离电子游戏。家长可以采取以下几种做法：

1. 放下手机，陪伴男孩

家长与孩子在一起时，应全身心地陪伴孩子，不要一边玩手机一边应付孩子。家长应为孩子做好榜样，不要沉迷于刷剧、刷微博、玩游戏之中。所谓言传身教，家长高质量的陪伴会让孩子的内心世界丰富而多彩，他们也就不会去游戏世界中寻求心理满足了。

2. 引导男孩合理使用网络

网络可以满足孩子获取知识、进行娱乐的需要，家长可以引导孩子合理地使用网络，利用网上资源学习知识。当孩子表现出对电子产品的迷恋时，家长不应一味地禁止，也不应将电子产品作为孩子表现好的奖励。家长应让孩子认识到电子游戏是众多游戏中的一种，只是表现形式不同，以免孩子对电子游戏抱有更高的期望，沉迷其中。

3. 建立游戏规则，并严格遵守

在孩子玩电子游戏之前，家长应与他约法三章，建立规则。如约定玩游戏的时间、场合、种类等，在约定后，家长要严格按照规章执行，以更好地树立孩子的规则意识。

 **妈妈有话说**

妈妈知道你玩心重，你想玩电子游戏，不是妈妈不让你玩。但你要知道，长时间沉迷电子游戏中不仅会让你成绩下降，还会让你视力下降。我们约定每天你写完作业后可以玩20分钟，你看好吗？

儿子成长日记

你的孩子玩电子游戏吗？他有沉溺其中吗？你们平时有哪些亲子活动呢？

模仿爸爸妈妈——我是个小大人

男孩心里话

　　爸爸的鞋子真大，穿起来走路真有趣！爸爸妈妈总说我是个小孩子，我好想快快长大，这样我就可以穿大鞋子，也可以做我想做的事情了。

　　男孩喜欢穿爸爸的鞋子，学着爸爸的样子刮胡子，吃饱饭像爸爸一样揉揉自己的肚子，这都是孩子在模仿爸爸。孩子的这些模仿行为不是早熟的征兆，而是出于本能，出于天性。每个孩子都有想做大人的欲望，于是他们模仿父母的说话与行为方式，试图向家长证明"我是个小大人"。

男孩为什么喜欢模仿父母

　　模仿是人的一种本能，是一种自然倾向。在与父母的相处中，孩子会有意识地模仿父母的行为，这可能存在以下三种原因：

1. 我很好奇，想尝试新奇的东西

孩子有很强的好奇心，当他们对父母的行为方式感到好奇时，他们便会将其付诸实际行动，用自己的亲身体验来满足好奇心，这也就是为什么孩子会穿妈妈的高跟鞋，会学爸爸刮胡子。

2. 我很喜欢爸爸妈妈，想跟他们做同样的事情

孩子对父母的爱是很深的，这种爱会促使孩子与父母做同样的事情，这就好像粉丝追星，明星穿什么品牌的服装，唱什么歌，跳什么舞，粉丝便会做同样的选择。在孩子眼中，爸爸妈妈就是他的偶像，于是，孩子便会主动模仿爸爸妈妈的行为。

3. 我想快点长大，做大人做的事情

每个孩子都有自己的想法，他们渴望自己的想法被父母重视，期待父母可以听听自己的声音。但是很多父母都觉得孩子的年龄小，直接忽视孩子的意见。于是渴望快快长大的孩子便想要提前体验当大人的感觉，如果他们被允许做大人才可以做的事情，他们就会十分高兴。

Tips→ 模仿大人是孩子表达自我意愿的一种方式，家长应关注孩子的心理需求，重视、认可孩子。

家长如何引导男孩正确模仿

要让孩子养成好习惯，家长就要起到表率作用，发挥榜样的力量。那么，家长如何做才能引导孩子正确模仿呢？

1. 不说脏话、粗话

父母是孩子学习的模板，孩子在模仿的过程中不会"取其精华，去其糟粕"，更多的是全盘接受，因此，父母不要觉得孩子只会学到自己好的方面，自动忽略不好的方面。为了给孩子树立一个好榜样，父母要杜绝说脏话、粗话，不要让随口而出的脏话变成孩子的口头禅。

2. 不做不良行为

父母要时刻注意自己的行为，如不闯红灯，不乱扔垃圾，不在公共场所大声喧哗等，这些好的行为会潜移默化地渗透到孩子身上。孩子学到父母身上的好品质，自然就会受欢迎。

3. 多表扬男孩的好行为

当孩子表现出好的行为后，父母要及时表扬孩子，使其受到正强化。即使孩子"好心办了坏事"，父母也要表扬孩子的"好心"，并帮助孩子共同解决遗留的问题。不要因为孩子"模仿功夫不到家"就指责、批评他。

妈妈有话说

妈妈知道你想快点长大，这样你就可以想干什么就干什么。可是长大后要做的事情有很多，所以从现在开始你就要好好准备，学习新知识，掌握新技能，这样你长大后才能想做什么就做什么。

儿子成长日记

你的孩子会模仿你的行为吗？他都做了哪些有趣的模仿行为呢？请你将他的成长趣事记录下来吧！

第六章

习惯行为心理

男孩爱搞破坏、爱冒险、好打抱不平、喜欢事事争第一，这都是男孩的典型行为，但也有的男孩会胆小、做事磨蹭、半途而废等。你是如何看待男孩的这些行为的呢？男孩的每一种行为都是相应的心理的外在表现，了解男孩的心理活动，你就会对他多一份理解与宽容，也多一份体谅与帮助。

小小"破坏王"——探索未知的世界

男孩心里话

我喜欢妈妈给我新买的玩具火车，但我更好奇它是怎么开的，为什么它就可以自己走呢？不管了，拆开看看不就知道了！

你有没有这样的经历：当你把新买的玩具给孩子时，他三下五除二就把玩具拆了；当你把童话书递给孩子时，他不由分说就把书撕成了几半；趁你一个不注意，耳机线就彻底分了家……孩子总是乐此不疲地进行着破坏行为，不管你怎么阻止，他依旧我行我素。

男孩搞破坏不是他的错

孩子搞破坏不是出于恶意，而是带有破坏性的探索行为。孩子搞破坏是有原因的，家长要理解他的破坏行为，将他的这种行为引向正途。

1. 我不是故意搞破坏的

2岁前孩子的破坏行为大多是无意识的，这个阶段的孩子协调能力较差，不能很好地控制自己的行为。所以，在这个阶段，妈妈会经常看到孩子摔玩具、扔东西。

2. 这样做很有趣，很好玩

有时孩子破坏了东西，但是他们意识不到这一点，反而觉得这样做很有趣、很好玩。例如，孩子用从书上撕下来的几张纸折飞机，用笔在墙上乱写乱画，用小刀在桌子上乱刻等。孩子这样做只是对这个"破坏"过程感兴趣，而没有意识到这种行为产生的恶劣后果。

Tips➤ 如果孩子故意破坏东西，家长要对孩子进行心理辅导，及时纠正孩子的不良行为。

3. 我很好奇，想知道这是怎么回事

好奇是孩子的主要心理特征之一。孩子在看到新鲜的事物后总想弄个明白，于是他们就倾向于拆卸这些物品，以便了解这些物品的内部结构，满足自己强烈的好奇心，这也是孩子学习、探索的一种方式。

4. 妈妈，您快来看我

我们都有这样的体验：活泼好动的孩子会比安静听话的孩子获

得更多的关注。当孩子乖乖地做事时，家长很少注意孩子，而当孩子捣乱、搞破坏时，家长的目光就会时刻盯着孩子。因此，有些孩子为了吸引家长的注意，便会故意做出某些破坏行为。此时，你就需要进行自我反思了。

家里有个"破坏大王"，妈妈怎么办

孩子的破坏行为对他们手部与脑部能力的发展具有积极的作用。家长不应禁止孩子的破坏行为，但也不应任由孩子搞破坏。在孩子沉迷于破坏物品时，家长要做到以下几点：

1. 为男孩提供可破坏的物品

既然男孩的破坏行为无法避免，那么家长不妨给他提供能力发展的空间，为他提供可破坏的物品，如可拆装的玩具、可拆装的卡片书、积木等，这样不仅可以锻炼孩子的手部能力，还可以满足孩子的好奇心。

2. 阻止男孩探究危险物品

在男孩以破坏的方式进行探索的过程中，家长要适当放手，但涉及孩子人身安全的，家长则要保持原则。为了避免孩子受到伤害，家长应把家中的危险物品如水果刀、药丸、杀虫剂等，放到孩子接触不到的地方。为了让孩子主动远离危险物品，如电源插座、

热水管、煤气罐等，家长可以在这些潜在危险处贴上带有危险标志的卡片，并反复告诉孩子这是不能碰的。

3. 陪伴男孩，给予他足够的关注

对试图通过搞破坏来获得家长关注的男孩，家长需要反思自己是不是对孩子的关爱不够，让他没有安全感。在平时，家长要多陪伴孩子，与孩子进行亲子游戏，即使有时候孩子在自娱自乐，你的陪伴也会让他安心。

妈妈有话说

妈妈知道你是在探索呢，现在你知道玩具火车的内部结构了吗？你知道怎么把它组装起来吗？我们一起试试吧！

儿子成长日记

你的孩子搞破坏吗？家里的哪些物品成了他的目标呢？请你将他的探索行为记录下来吧！

"我不敢，我害怕" ——胆小源于不自信

男孩心里话

我不敢，我害怕在陌生的环境下讲话，我也讨厌自己这么胆小，可是我能怎么办呢？

每位父母都希望自己的男孩可以长成勇敢大胆的男子汉，但不是每个孩子都能如其所愿。有些男孩也会胆小害怕，不敢跟陌生人讲话，不敢参加冒险的活动。当男孩表现出胆怯时，有些家长会责备孩子，说他"女孩气"，还不如女孩胆子大。父母的话就像一把冰刃，插进孩子的心。

男孩为什么胆小

男孩胆小、怯懦并不等于没出息，而是一种不自信的表现。家长要理解孩子的心理，不要因为孩子胆小就觉得他没出息，这样只

会使他更受伤。孩子胆子小可能存在以下几种原因：

1. 家长性格内向胆小

有些家长本身性格内向，不善与人交往，对陌生的环境感到不舒服，孩子很可能会"遗传"家长的特点。

2. 家长要求高，男孩无法达到要求

为了让自己的孩子变成最优秀的，家长会向孩子提出很多很高的要求。例如，当孩子拿回了"第二名"的奖状后，家长会说："你才考了第二名，又不是第一名，有什么可炫耀的！"当孩子拿回了"第一名"的奖状后，家长又会说："考了第一名有什么用，××在绘画比赛中拿了一等奖。"家长的这些话不但会伤害孩子的自尊心，还会让孩子越来越胆怯，不自信。

3. 家长过度保护，男孩害怕"走出去"

随着家长安全意识的提高，对孩子安全意识方面的教育也越来越多。为了让活泼好动的孩子不脱离自己的视线，很多家长都会告诉孩子"外面的世界很危险，不要和陌生人说话，坏人会抓小孩"，孩子从小接受这些思想，便会产生"家里最安全，外面很危险"的想法，于是孩子就害怕离开家，一旦到了外面，就会变得胆小、退缩。

4. 缺少同龄的玩伴

大多数孩子都是在父母或者爷爷奶奶的陪伴下长大的，孩子在家里缺少同龄的玩伴，想法、快乐都无法与同龄人分享，这也就造成了孩子的孤独、胆怯。

男孩胆小怎么办

胆小的男孩大多很自卑，不敢表达自己的想法，想要隐藏甚至封闭自己，这对孩子的学习与生活都会产生消极的影响。因此，家长要用心关注生活中的细节，运用合适的教育方式，让孩子越来越自信。

1. 鼓励男孩，培养他的自信心

鼓励会让男孩越来越自信，打击会让男孩越来越自卑。对于胆小的男孩，家长应多加鼓励，让他认识到自己的能力，给予自己肯定的评价。只有孩子转变了对自己的认知，他们才会越来越大胆，不吝于表现自己。

2. 不宠溺，不代劳

男孩见到认识的叔叔阿姨不敢打招呼时，有些家长会为孩子找借口："这孩子别的都好，就是胆子小。"家长为孩子扣上了"胆小"的帽子，时间长了，孩子也会从心里认同这个想法，变得更加胆小。家长应让孩子做好自己的事情，即使做不好，家长也不应代劳，而要告诉孩子怎样做是对的。

3. 为男孩创造与人相处的机会

每天饭后，家长可以带孩子到楼下散步，让他有接触同龄朋友的机会；节假日时，家长可以带孩子去参加一些活动，如爬山、读书会，并鼓励孩子与陌生小朋友交流；家长还可以定期邀请孩子的同学来家里做客等。孩子与同龄人相处时很自在，他们自然也就愿意与人交流，不再封闭自己。

妈妈有话说

胆子小没关系，慢慢练就好了。妈妈打算这周邀请你的同学们来家里做客，你想跟哪些小朋友一起玩呢？你来写一个邀请名单吧！

儿子成长日记

你的孩子胆小吗？他有自己的朋友圈吗？跟朋友们在一起时，他最喜欢做什么呢？

磨蹭的"蜗牛男"——时间观念淡薄

男孩心里话

　　妈妈总说我做事磨蹭，我很不解。只要最后做完做好不就行了吗？为什么非要那么着急呢？妈妈真是个急性子！

　　男孩做事磨磨蹭蹭，怎么催促都没有用，他仍然按照自己的节奏来，孩子这不是故意跟你作对，很可能是缺乏时间观念的表现。一般来说，孩子通常在5岁左右开始产生时间观念，在8岁左右趋于稳定。如果孩子从小做事情就磨磨蹭蹭，缺乏紧迫感，家长则要注意培养孩子的时间观念，不要让你的孩子成为"慢性子"。

男孩为什么爱磨蹭

　　男孩做事爱磨蹭，虽然嘴上说着"知道了，马上就好"，但是行动却依然很慢，这种低效率的行为方式令家长很担忧，甚至有些家长觉得自己的孩子"有问题"。其实，孩子做事磨蹭主要有以下几个原因：

1. 肢体发展不协调，动作不熟练

对于年龄低的男孩，由于他们的肢体发展不协调，缺乏一定的生活技能，动作不熟练，所以做事情时会比较缓慢，达不到家长期望的速度。这不是孩子"慢性子"，或者爱磨蹭，而是成长的必然阶段。

Tips▸ 在这种情况下，家长要有足够的耐心，不要催促孩子，更不要抱怨孩子"做事慢"，多一分耐心，让孩子多一次锻炼，他会变得越来越好。

2. 家长懒散，男孩有样学样

家长缺乏时间观念，做事懒散，男孩便会有样学样，做事情慢慢吞吞、磨磨蹭蹭。另外，家长对孩子管教不当，迁就、纵容孩子的懒散行为，也会助长孩子的磨蹭习惯。

3. 缺乏时间观念

缺乏时间观念是男孩做事磨蹭的主要原因之一。孩子的时间观念模糊，他们并不知道尽快做完一件事有什么好处，为什么要快点

做事，以及做事慢有什么不好的影响。由于心中没有紧迫感，没有约束，孩子便会慢悠悠地做事，于是便给家长留下了做事磨蹭的坏印象。

男孩爱磨蹭，妈妈怎么办

男孩做事爱磨蹭，主要是时间观念差的表现。家长要积极地引导孩子，帮助他建立正确的时间观念，使其改掉磨蹭、拖拉的坏习惯。

1. 制定合理的作息时间表

规律的作息时间是培养男孩时间观念的有效方式，家长可以与孩子共同制定作息时间表，并严格按照表中的作息时间执行，让孩子不再磨蹭。

例如，到睡前洗漱时间时，家长可以对孩子说："现在到洗漱时间了，我们要在30分钟之内洗漱完毕，然后准备睡觉，现在我们去洗漱吧。"长此以往，男孩便会形成时间观念。

2. 鼓励男孩使用闹钟

男孩做事磨蹭，不着急，很可能是忘记了时间，那么家长就可以给孩子准备一个闹钟，让孩子在做事前把闹钟设置好，一到规定的时间，闹钟就会提醒男孩。而且，设置闹钟也会让孩子产生紧迫感，促使孩子加快做事的速度。

Tips→ 刚开始的效果可能不是很明显，毕竟孩子的习惯是长期养成的，但是几次过后，孩子便会慢慢认识到自己的磨蹭，他便会主动加快做事的速度。

3. 让男孩承担磨蹭的后果

家长一味地催促孩子，男孩做事时也很少快起来。既然如此，家长不妨让孩子承担磨蹭的后果，让孩子亲身体会到磨磨蹭蹭做事会产生不好的结果。例如，吃饭时孩子磨磨蹭蹭，过了吃饭时间，家长就可以把饭菜撤下桌；起床时孩子磨磨蹭蹭，家长不用催，可以让孩子体验一次迟到被批评。经历几次这样的事情后，孩子就会真正地认识到磨蹭的后果，并会主动改正这个坏习惯。

妈妈有话说

不是妈妈性子急，是你做事太慢了。做事时把事情做好很重要，但是如果能把事情做得既快又好，才是真厉害！你要不要试试呢？

儿子成长日记

你的男孩做事磨蹭吗？是个慢性子吗？他做的什么事最让你哭笑不得呢？

做事半途而废——没尝到"甜头"

 **男孩心里话**

为什么别人学武术都练得那么好，我就练不好呢？算了，练不好我就不练了，免得爸爸妈妈又要说我笨！

在日常生活中，很多孩子做事都半途而废，只有三分钟热度，不能善始善终。家长也很苦恼："为什么孩子就不懂得坚持呢？"其实，不是孩子不懂得坚持，而是他们在屡次的失败后丧失了兴趣与信心，因为没有尝到"甜头"，所以就选择了放弃。

男孩为什么总是半途而废

刚开始激情澎湃、兴致冲冲，没过多久便情绪低落、兴味索然。孩子的这种行为在很多家长看来早已见怪不怪了。为什么孩子做事总是三分钟热度呢？他们心里到底是怎么想的呢？

1. 别人都在做，我也要做

孩子都有一定的从众心理和攀比心理，当他发现自己的小伙伴有某种特长或者正在做某些事情时，孩子就会将其作为自己接下来的学习方向，并误以为自己对这方面感兴趣。但是一旦在学习的过程中遇到阻碍，孩子便很难坚持，因此便会选择放弃。

2. 我现在对这个没兴趣了

孩子喜欢的东西是不断变化的，他们很少专注于一件事情、一件物品。当孩子正沉浸在自己喜欢的一部动画片中时，他可能会因为看了一眼其他的玩具而放弃这部动画片。兴趣转移在孩子身上是十分常见的，孩子很可能因为兴趣转移而放弃当前正在做的事情。

3. 我怎么总也做不好，不做了

大多数孩子都会对自己的期望过高，于是当他没有达到自己的期望值时，就会很失望、失落。经历过几次后，孩子就会产生"我总做不好"的想法，为了不再体验失败的感觉，孩子便会选择放弃。

Tips▸ 有些孩子对自己的评价过低，当他们觉得某件事做起来很困难、自己做不到时，通常会逃避，选择不做这件事，也可以避免失败。对这样的孩子，家长则要注意培养他的自信心。

如何让男孩不再当"三分钟"先生

孩子做事半途而废，家长不应听之任之，而要让孩子学会坚持，让他慢慢具有持之以恒的好品质，不要让他成为"三分钟"先生，做事只有三分钟热度。

1. 多鼓励，不数落

当男孩做事没有达到家长的期望时，有些家长就会数落孩子："你怎么那么没用？这点小事都做不好！""你说说你能做啥？你看××……"这样的话只会打击孩子的自尊心与自信心。家长应多鼓励孩子，对他说："你做得真棒，要是再努力一点就更完美了。"数落会让孩子产生消极的心理暗示，而鼓励则会让他更有兴趣和信心。

2. 将事情分解，逐步完成

当男孩在学唱一首歌曲时，如果你对他说"今天你要把这首歌曲学会"，他会觉得压力很大；而如果你对他说"你在一小时之内学会第一段"，他会觉得这个目标很容易达成。由于心态不同，最后的结果自然也不同。

在做其他事情时也是一样的，家长可以引导孩子将所做的事情分解，将大的目标分解成一个个小目标，逐个完成。孩子每完成一个小目标后，家长都可以给予相应的奖励，让他尝到"甜头"，在这样的激励下，他自然会坚持下来。

3. 教男孩直面困难

孩子做事半途而废大多是因为遇到了困难，家长要让孩子懂得坚持的重要性，让他知道做事困难是因为他正在走上坡路，在不断变得优秀。家长还可以给孩子讲名人故事，让他从故事中受到熏陶，直面困难，坚持不懈。

妈妈有话说

凡事都需要慢慢来，别人做得好可能是自己在家里用功了，妈妈相信，如果你肯用功的话，肯定是做得最好的那个！

儿子成长日记

你的孩子做事经常会半途而废吗？有哪些事孩子没有坚持下来呢？请你与他一起回忆下吧！

天生的"冒险家"——兴之所至

 **男孩心里话**

　　我最喜欢去游乐园了，游乐园里有好多惊险刺激的游戏项目，有海盗船、过山车、恐怖洞……我超喜欢玩这些项目，可是爸爸妈妈总是不让我玩。

　　大多数男孩都有一种"初生牛犊不怕虎"的冒险精神，他们喜欢挑战刺激的活动，身上"挂彩"也是家常便饭，他们的冒险行为经常会让父母胆战心惊。孩子具有冒险精神是一种很好的品质，但是如果他们有毫不畏惧的冒险倾向，就会将自己置于危险之中。对于孩子的冒险行为，父母要善加引导。

男孩为什么爱冒险

　　与女孩相比，男孩似乎更难教育，他们喜欢冒险，喜欢追求刺激，却很容易忽视冒险行为中的不安全因素，即使受过伤，他们也很难长记性。为什么男孩这么爱冒险呢？他们心里到底是怎样想的呢？

1. 我就是喜欢刺激和冒险的活动

爱冒险、喜欢寻求刺激，这是大部分男孩的共同特点，这与男孩体内过多的睾丸素有关，睾丸素会使男孩具有强烈的冒险、追求刺激的欲望。当孩子进行冒险行为时，他们很享受那种热血沸腾的感觉，并会为自己的冒险行为感到骄傲、自豪，觉得自己是一个真正的男子汉。

2. 我很好奇这样做了会怎样

很多孩子的做事风格都是行动大于语言的，当他们对一些事物感到好奇时，往往会先付诸行动，而不是考虑周全后再行动。也就是说，他们首先想到的是"我很好奇如果这样做了会怎样，那就试试吧，看看结果是什么样的"，而不是"我这样做会有什么危险，我要怎样做才可以避免危险"，这样的思考与行为方式使得孩子更容易受伤。

3. 上次这样做没受伤，这次也不会有危险

孩子进行冒险行为难道他自己一点都不害怕受伤吗？其实，当孩子知道这种行为存在危险后，他们也会害怕，担心自己会受伤，

但是很多孩子都存在侥幸心理，觉得"我上次没受伤，这次也不会有危险"或者"我上次做那件事妈妈也说危险，结果一点事儿都没有，这次也一样"。在这种心理作用下，孩子就会义无反顾地继续他的冒险"事业"了。

男孩爱冒险，妈妈怎么办

男孩爱冒险是天性使然，家长的强烈阻止只会让他愈挫愈勇。那么，家长要如何教育爱冒险的孩子呢？

1. 引导男孩尽量安全地去冒险

孩子在冒险时很少想到规避风险，对他们来说，冒险是兴之所至。孩子对待自己的冒险可以"无知者无畏"，但家长要尽量保障他的安全，引导他安全地去冒险。例如，当孩子要燃放鞭炮时，家长可以让他将鞭炮用绳子绑在竹竿上；当孩子要滑轮滑时，家长可以让他戴上护膝、头盔等。

2. 告诉男孩有些险是绝对不能冒的

对男孩一般的冒险行为，家长可以在一旁监督，并告诉孩子怎样做比较安全，但是家长也要让孩子知道有些险是绝对不能冒的，属于冒险的禁区。如不能用树枝捅高压线，不能因为刺激就尝试抢劫、偷盗等行为，不能模仿电视中的喷火、打斗场面等。

3. 将男孩的冒险引向正途

男孩的冒险行为通常有一定的创造性，家长要善于发现孩子的创造性，并利用这种创造性激发他的积极行为。例如，当孩子从床上往下跳时，家长可以对孩子说："你是个小超人吗？超人能不能帮我把挂在阳台的衣服拿下来呢？"肯定孩子的冒险行为，引导孩子与家长合作，可以让他的冒险充满乐趣与意义。

妈妈有话说

妈妈知道你是个勇于冒险的男子汉，可是这些游戏项目都是有年龄限制的，你还太小，不能玩。等你长大了，爸爸会带你一起玩的！

儿子成长日记

你的孩子有哪些冒险行为呢？冒险之后的孩子是笑容满面还是泪水不断呢？请你将他的冒险行为记录下来吧！如果有照片，也可以将照片粘贴在此处，记录他的成长。

好打抱不平——可贵的英雄情结

男孩心里话

　　我最喜欢奥特曼，奥特曼打怪兽真是太酷了！我也要成为奥特曼那样的人，我要打坏人。

　　很多男孩都喜欢看英雄系列的动画片，他们总是幻想自己就是那个超级英雄，可以拯救世界，拯救人类。于是，当孩子看到不公平的事情时，他们便会化身正义的使者，想要锄强扶弱，想要打抱不平。

每个男孩心中都有一个英雄梦

　　就像每个女孩心中都有一个公主梦一样，每个男孩心中也都有一个英雄梦。他们会同情弱小，会多管闲事，不惧与恶人做斗争，这是男孩身上的好品质。即使男孩因为自己的"多管闲事"而受

伤，他们也会觉得这是光荣的，是值得的，家长要试着理解他们的
英雄情结。

1. 我想要当英雄

男孩崇尚当英雄，爱打抱不平可以说是男孩本能的一种反应。
当他看到弱小的同学被欺负时，他会把拳头攥得紧紧的，想要为他
们讨回公道；当他看到狗狗在欺负猫咪时，他会对着狗狗狂喊，想
要帮助猫咪。虽然有时候孩子的行为并没有起到多大的作用，但是
对孩子来说，迈出了打抱不平的第一步，他们的心中就已经响起了
为自己而奏的号角声。

Tips➥ 男孩体内的Y染色体和睾丸素会不断激发他的英雄情结，即
使他长大了，他的英雄情结也不会消失。

2. 敢与坏人做斗争的才是男子汉

"男子汉就要像奥特曼一样惩恶扬善。""这才是真正的男子
汉。"男孩在一起最常讨论的话题就是"超级英雄"，他们会对超
级英雄的行为表示认同、赞赏，并渴望成为那样的英雄。于是，很
多男孩都会产生"敢与坏人做斗争的才是男子汉"这样的想法，当
他们看到不平的事情时，便会勇敢地站出来，与"恶势力"抗争。

如何引导男孩的英雄情结

男孩的英雄情结会让他们变得勇敢、正义、有责任心，但是如果孩子盲目地模仿自己心目中的英雄的行为，他们就可能犯下大错。因此，家长要合理地引导孩子的英雄情结，让他们健康快乐地成长。

1. 引导男孩正确认识英雄

孩子心目中的英雄大多是通过武力来解决问题的，要能把坏人打得落花流水，这使孩子对英雄的形象产生了误解，他们会觉得靠暴力手段解决问题才是真英雄，于是很多孩子"一言不合就打"。要避免这种情况，家长要引导孩子正确认识英雄，让孩子知道真正的英雄要勇敢，要有正义感，要有爱心，而不是只会通过"打架"来解决问题。

2. 满足男孩当英雄的心理

当男孩因为打抱不平而"挂了彩"后，请你不要一味地责怪他，这只会让他觉得你不理解他。家长可以先表扬孩子的英勇行为，满足他当英雄的心理。等孩子心情平静后，家长就要告诉他"英雄首先要学会保护自己，要量力而行"。

3. 利用英雄情结，纠正男孩的缺点

当你发现男孩身上有某些缺点时，你可以利用他的英雄情结纠正他的缺点。例如，当孩子不爱学习时，你可以对他说："英雄都是很有智慧的，你好好学习，掌握知识，才能成为英雄帮助人们解决困难。"当孩子挑食时，你可以对他说："英雄都是很强壮的，你好好吃饭才有能力当英雄帮助别人。"

妈妈有话说

你想当像奥特曼那样的英雄，妈妈很支持。但你要知道，当英雄是很难的，要想成为英雄，就要有强壮的身体、聪明的大脑和不畏困难的勇气，你准备好为成为英雄而努力了吗？

儿子成长日记

你的孩子想成为什么样的英雄呢？他为此做了哪些准备工作呢？请你将孩子的英雄梦记录下来吧！

第七章

社交行为心理

男孩的社交行为令很多家长感到头痛，尤其是人来疯、爱插话、不合群、总是跟同伴闹矛盾、交了"坏"朋友等行为，使家长不仅担心男孩的社交状况，还担心男孩的安全。其实，男孩出现这些社交行为，不仅是因为他们爱闹，还存在心理与情感上的需求。因此，家长应多多关注男孩的内心需求，帮助男孩进行社交。

男孩的"人来疯"——旺盛的表现欲

 **男孩心里话**

今天家里来客人了，我让客人看我滑轮滑，他们都夸我滑得好，下次我还要表演给他们看。

平时乖巧听话的小男孩在客人面前变得任性淘气、异常兴奋，这是典型的"人来疯"行为。很多家长都不理解孩子的这种行为，当孩子尽力在客人面前表现自己时，家长会责怪孩子"不听话，不懂事"，结果孩子不仅没有收敛，反而愈发放肆。当客人走后，家长想要好好教育孩子一番，可是教育的话还没说出口，孩子就主动承认了自己的错误，又变回了那个懂事的孩子。

男孩为什么会"人来疯"

小小年龄就已经有了两副面孔吗？人前人后的表现为什么会截

然相反呢？其实，家长不必对孩子的这种行为过分担忧，孩子"人来疯"是有原因的。

1. 男孩的交往需求得不到满足

一方面，很多家长经常忙于工作，很少带孩子出去玩，孩子的交际圈很窄，当有客人拜访时，他们会感到新奇、兴奋，于是他们就尽力在客人面前表现自己，希望能得到客人的注意。有些孩子会与客人分享自己最喜欢的玩具，跟客人一起看故事书等。

另一方面，当家长与客人聊天时，孩子会觉得自己被忽视，为了让家长继续将焦点放在自己身上，孩子便会故意做出一些行为，吸引家长的注意。

2. 内心表现欲的驱使

每个人都有强烈的表现自我的欲望，孩子也一样，他们希望自己的优点都能被看到，希望自己获得他人的认可与称赞。于是当有客人来家里时，孩子便期望将自己所有的能力都展现出来。

3. 自我控制能力不足

孩子期望通过闹腾的方式获得关注，但是由于他们自我控制能力不足，所以很难把握好尺度，这就会使孩子出现某些过激的胡闹行为，如拿喷水枪对着客人喷，把吃完的糖果包装扔到客人身上等。孩子这样做不是故意找茬，他们只是想博得关注。

4. 客人的夸奖诱导男孩继续表现

当孩子表现自己后，很多客人都会夸奖、称赞他们，这给了他们勇气与信心，他们会更加乐于在客人面前展现自己，以期获得更多的认可。

男孩"人来疯"，妈妈怎么办

孩子有强烈的表现欲望，这表明他们愿意积极与人接触、交往，家长要给予适当的鼓励，提高孩子的社交能力。

1. 扩大男孩的交际圈

孩子也有交友的需求，也需要与同龄的朋友相处，家长不应将孩子局限在家庭这个小圈子内。在平时的空闲时间，家长可以带孩子到附近的公园游玩，让他们结识小伙伴，扩大他们的交际圈，这样他们就不会夸张地寻求客人的认可了。

2. 尊重男孩的心理需求

当孩子表现出"人来疯"的行为后，在客人面前，家长不应指责孩子，而应该肯定他好的方面，满足他的表现欲。例如，当孩子故意把电视声音调高时，家长可以对孩子说："你给我们唱首歌吧，我们都想听你唱歌。"当孩子唱完歌后，家长可以对他说："你唱得真好听。妈妈知道你不仅唱歌好听，还是个懂事的乖孩子。现在妈妈与阿姨有事情要谈，你能去自己的房间玩吗？"家长这样的做法既尊重了孩子的心理需求，又满足了孩子的表演欲望，他自然也就不会再任性妄为了。

3. 对男孩进行礼仪教育

有些孩子表现出无所顾忌的"人来疯"行为，主要是不懂得待人接物的礼仪。在平时，家长可以对孩子进行礼仪教育，如告诉孩子有客人来时要向客人打招呼问好，不要对客人表现出攻击或恶意的行为，客人走后要与其道别。家长则要对孩子的行为及时做出评价，鼓励孩子保持好的行为，帮助孩子改进不好的行为。

妈妈有话说

妈妈知道你滑轮滑得很棒，我们都看到了。现在我们有事情要谈，你能先自己玩一会儿吗？

儿子成长日记

你的孩子是"人来疯"吗？有客人拜访时，他会有哪些疯狂的行为呢？

爱插话——不想被忽视

 **男孩心里话**

妈妈跟阿姨打电话聊了好久，我太无聊了，妈妈是不是把我忘了。不行，我要让妈妈挂电话，不能让她再聊了。

你有没有遇到这样的情况：当你正在跟别人聊天时，孩子故意走过来打断你；当你打电话时，孩子试图抢夺你的手机。孩子的这种行为令很多家长感到尴尬、烦恼，其实，他们不是故意要打断你，也不是故意要跟你作对，他们是害怕被忽视，想要博得你的关注。

当大人在谈话时，孩子经常会迫不及待地想要参与其中，这难免会给大人留下他爱插话的印象。其实，孩子并不是存心要打断你的谈话，他们这样做有自己的想法：

1. 我不想被忽视

对孩子来说，自己就是父母的世界，父母的所有活动都应该是围绕着他来进行的。而当父母与他人交谈时，孩子会觉得父母的注意力转移到了他人身上，为了吸引父母的注意力，摆脱被忽视的感觉，孩子便会主动插话。

对策：对有这种想法的孩子，父母在与他人交谈时要顾及他的感受，如对他的话语给予回应，给他眼神示意等，让他产生"我没有被忽视"的想法。

2. 我对这些谈话内容很感兴趣

孩子的好奇心很强，当大人的谈话内容引起了他们的兴趣后，他们便想要参与其中，解答自己心中的疑问。于是很多孩子便会化身"问题宝宝"，总是不停地问"为什么"。

对策：如果孩子对你们的谈话内容感兴趣，请你让孩子参与其中，给予孩子表达自己想法的机会与时间。如果孩子不理解你们的谈话内容，你可以向男孩解释，也可以承诺过一会儿再向他解释，但不要拒绝孩子的参与。

3. 我有好玩的事情要分享

当孩子自己玩得津津有味，突然叫你过去或者走过来想要跟你交流时，那很可能是他想要与你分享好玩的事情，也许是看动画片看到了有意思的地方，也许是发明了游戏的另一种玩法。

对策：面对情绪高涨的孩子，你就做好他的听众吧！等到孩子分享结束，他自然就会为你腾出空间，让你继续你的话题。

4. 我感到很无聊

当父母与他人聊天时，如果孩子无事可做，他们就会觉得无聊，于是会打断父母的谈话。

对策：当你准备进行一场长时间的谈话时，请你先将孩子的"自由活动"安排好，如让孩子自己读一读故事书，或者玩玩具车等，孩子有事可做，他就不会因为无聊去打断你了。

5. 我的计划要被打乱了

你正准备带着孩子出门玩，突然有客人拜访；在路上偶遇熟人，你们聊了几句……此时孩子插话是故意的，他是在告诉你："我们的计划要被打乱了，快点结束这场谈话吧！"

对策：即使孩子的表现不尽如人意，你也要试着理解他，安抚他的情绪。告诉他你的承诺不会变，他的娱乐时间并不会因此减少等。相信你的孩子会理解你的。

Tips▸ 孩子爱插话是因为他们有自己的想法，善于沟通与交流，面对孩子的插话行为，父母要了解他们这样做的原因，并在尊重孩子的基础上有耐心地解决问题。

妈妈有话说

妈妈打电话的时间是有点长了，妈妈再说5分钟，5分钟过后妈妈就跟你一起玩你最喜欢玩的游戏，怎么样？

儿子成长日记

你的孩子爱插话吗？他为什么想要打断你呢？请你问问他的想法，并记录下来吧！

_____

_____

_____

唯我独尊的小霸王——错误的"焦点"认识

男孩心里话

在家里，爸爸妈妈、爷爷奶奶都要听我的，在学校我也要做老大，都要听我的。谁不听我的就要"吃"我的"拳头"！

很多男孩都喜欢当老大，希望别人都听自己的，按照自己的命令行事。一旦有人不服，孩子便想通过武力解决问题，这种霸王行为虽然不会让孩子受欺负，但是长此以往，孩子就会变得自大狂傲、心胸狭隘，不利于孩子的心理健康。

男孩为什么要当小霸王

玩什么游戏要由他定，不然就不玩或故意捣乱；玩游戏的规矩要由他定，不然就会引起一场打斗……孩子在与小伙伴交往时为什么总想当领头人呢？

1. 独立性与自主意识强

有些孩子有很强的独立性与自主意识，他们不喜欢依赖他人，反而期待自己决定自己的事情，甚至是决定他人的事情。这样的孩子往往积极主动，充满自信，具有很强的好胜心，在与人交往时会表现出领导能力，使小伙伴们服从自己。

2. 以自我为中心，是家里的"小皇帝"

很多孩子都是家里的"小皇帝"，家人对他唯命是从。家长的宠溺会让孩子习惯以自我为中心，觉得自己就是老大，别人都要听自己的，而不懂得考虑他人，久而久之，孩子就会慢慢养成任性、霸道的性格，在与小伙伴交往时，也会任性妄为，十分霸道。

3. 父母的霸道示范

有些父母在教育孩子时往往会采用一些强制手段，比如揪耳朵、打屁股，孩子感觉不到家庭的温暖，反而会觉得霸道强势的人才有话语权。为了宣泄对家庭生活的不满，为了寻求自己的心理安慰，孩子便学着父母的样子对待小伙伴，强迫小伙伴听自己的话，按照自己的意愿行事。

4. 错认为"武力=能力"

有些孩子生性胆小，经常受欺侮，当他们反抗成功后，就会觉得武力可以解决一切问题，为了弥补自己之前的心理创伤，孩子便会通过武力欺负其他小朋友，直到他们投降认输。

家有小霸王，妈妈怎么办

男孩以自我为中心，喜欢"称王称霸"，很容易伤害别人，也不利于自己的成长，家长要及时教育孩子，帮助他克服这种不良的霸王心理。

1. 不宠溺，拒绝男孩的不合理要求

霸道行为的产生是一个逐渐累积的过程，当孩子出现了霸道行为后，家长应及时制止，拒绝他不合理的要求，让他懂得辨别是非与对错，避免他产生"唯我独大"的思想。

2. 讲道理，做好示范

当孩子犯错后，家长要为他做好示范，与他讲道理，避免采用体罚等暴力手段，以免他模仿家长的行为，用武力欺负他人。家长应营造温馨民主的家庭氛围，引导孩子学会站在他人的角度思考，强化他人在孩子心中的地位，弱化孩子以自我为中心的焦点认识。

3. 与男孩进行角色游戏

孩子用武力欺负他人感受到的是胜利的喜悦，他们无法体会被欺负一方的感受，也就无法意识到这种行为的坏处。家长可以与孩子进行角色游戏，让他们扮演被欺负的一方，切身的体验会让他们

认识到自己的错误，他们也会真心地改正错误。

Tips→ 孩子爱当小霸王欺负别人，很可能是因为没有意识到这样
做是不好的，不对的。家长要耐心地教育孩子，不要以暴
力对抗暴力。

妈妈有话说

用武力解决问题是不对的，虽然爸爸妈妈力气比你大，但是我
们跟你商量事情时也是跟你讲道理。你想想，如果我们靠武力让你
做你不愿意做的事情，你会是什么感觉呢？

儿子成长日记

你的孩子是个小霸王吗？他有哪些霸道行为呢？

_____

_____

_____

不合群——缺乏团队意识

 **男孩心里话**

　　我不喜欢跟同龄的小朋友们一起玩，他们都不听我的，我也不想听他们的。我要自己玩，这样就没有人跟我作对了。

　　你的孩子与小朋友们能友好相处吗？你的孩子是否被小朋友们排挤呢？在现代社会，越来越多的孩子缺乏团队合作意识，他们在与人交往时不是主动孤立其他的小朋友，就是被其他的小朋友排挤。孩子的这种社交行为对他们的心理成长会产生消极的影响。

男孩为什么不合群

　　心理学中所说的"不合群"主要是指在与同龄人的交往过程中，儿童表现出孤独、寂寞或者懒于交际的一种现象。如果孩子长时间与同龄朋友缺乏交流，就会变得孤独、任性、执拗，不利于孩子心理和情感的健康发展。因此，了解孩子不合群的原因，并引导他与同龄人交往，这是家长的责任。

孩子不合群，往往出于以下几个原因：

1. 性格孤僻，不善交际

有些孩子性格孤僻，不善与人交际，在与人交往的过程中，孩子便会表现出脱离小团体的行为，这样的孩子大多渴望得到团体的关注。

还有些孩子胆小、害羞，不敢与人交际，于是给人留下不合群的印象。

Tips➥ 有些孩子天生性格比较内向，喜欢安静的环境，也享受独处的乐趣。对这类性格的孩子，家长可以让他们做自己喜欢的事情。

2. 家庭氛围不良

家长与孩子缺乏交流，家庭氛围压抑，充满争吵，这都会让孩子变得心理压抑。他们渴望与他人交往，但是害怕遭到拒绝，不知道如何与他人交往。于是便表现出孤僻、难接触等不合群的特征，令他人敬而远之。

3. 交往环境单一

有些家长担心孩子在与人交往中受欺负，或者被其他的小朋友带坏，所以就为孩子挑选朋友设置了条件，如不跟学习差的孩子玩耍，不跟与妈妈顶嘴的孩子玩耍，不跟穿着邋遢的孩子玩耍等。家长对孩子的交友设限，会让孩子缺乏与人交往的能力，交往环境单一，也会让孩子不懂得如何合群。

4. 缺乏团队意识

如今的孩子都有强烈的自我意识，他们更加关注自己的需求，而不经意间忽略他人的意愿与需求，这种自我意识的发展使得孩子越来越缺少团队合作的意识，以自我为中心，主要表现为与人交往时不合群。

男孩不合群怎么办

男孩不合群，通常会随着年龄的增长而得到改善，但也有些孩子会变得孤僻，并发展成"社交恐惧症"。因此，家长要重视这个问题，培养一个合群、积极乐观并乐于与人交往的孩子。

1. 鼓励男孩多参加团体活动

家长应鼓励孩子多参加团体活动，让孩子在团队合作中享受到乐趣，并懂得合作的意义。不要因为担心孩子吃亏，就让他一直保持高度警惕的状态，让孩子放松地与同龄朋友一起玩耍，他们的心理才能健康地发展。

2. 教男孩悦纳他人

合群、合作的本质是要互相帮助、互补不足，因此，家长要教孩子学会悦纳他人，懂得接受并欣赏他人的长处，不要总是以自我为中心，认为只有自己是正确的，其他人都不如自己。

在平时的相处中，家长可以多引导孩子发现他人的长处，鼓励孩子赞美他人。

3. 培养团队归属感

孩子缺少合作意识、缺少团队归属感是不合群的主要原因，因此，培养孩子的团队归属感至关重要。

家长要教育孩子关心自己的团队，多为团队的发展出谋划策，如设计团队游戏，参与队旗、口号的研究与制作，将团队看成一个整体。大家心往一处使，自然就不会有不合群的现象了。

妈妈有话说

如果每个人都像你这样想，都想让别人听他的话，不听的话就不跟对方玩，那每个人就都没有朋友了。你要学着接受别人，这样别人才会愿意接受你，愿意跟你一起玩，你说是不是？

儿子成长日记

你的孩子合群吗？他是否缺少同龄的玩伴呢？与同龄伙伴玩耍时，他是否要事事拔尖呢？

人云亦云——从众心理

男孩心里话

我喜欢蜘蛛侠，但是小伙伴们都喜欢绿巨人浩克。他们总嘲笑我，说我没眼光，那以后我也说我喜欢绿巨人吧，省得他们总笑话我。

你的孩子会为了随大流而改变自己的看法吗？你的孩子会担心自己"与众不同"而选择撒谎从众吗？孩子也有从众心理，这是他们渴求安全感与归属感的表现。适当的从众心理可以让孩子更好地融入团体生活中，但过度的从众心理则会抹杀他的个性，使他变得没主见，没想法。

男孩为什么会人云亦云

对很多家长来说，孩子似乎永远都是那个只顾自己、不管他人的小家伙，于是，当家长看到自己的孩子人云亦云时，他们会感到很吃惊，感到不可思议。其实，孩子有从众心理是很正常的。孩子从众心理的产生主要有以下四个原因：

1. 迫于压力而从众

对孩子来说，跟同龄的小伙伴们在一起玩耍，他们更开心。而当孩子与其他小伙伴表现出不一样的想法与行为时，孩子就会被视为异类，甚至会遭到其他小伙伴的嘲笑、挖苦，因此，为了让群体接纳自己，孩子便不得不选择从众，接受大部分人的观点。

2. 男孩经验不足

受自身年龄与成长环境限制，孩子的经验不足，在遇到自己没有经历过的事情时，他往往会无所适从，不知道怎么办才好，此时他便会盲从大部分人的做法。

3. 家长包办代替，男孩依赖性强

有些家长担心孩子做事做不好，于是便包办代替，使得孩子缺少独立做事、独立思考的机会，孩子对家长的依赖性强，一旦遇到需要孩子自己做主的事情时，他们便拿不定主意，想要祈求他人的帮助，在不知所措之时，孩子便会人云亦云，跟随主流。

4. 家长的否定导致男孩不自信

"你看××学习成绩多好！""你看××多会说话，多有礼貌！"……家长经常否定孩子，会导致孩子怀疑并否定自己的能力。

当孩子与别人有不同的看法时，由于不自信，他也会认同他人的看法，摒弃自己原有的想法，从而表现出从众行为。

男孩有从众心理，妈妈怎么办

有从众心理，盲目附和他人会让孩子渐渐失去独立思考的能力，做事时也很少考虑后果，甚至会惹出祸端。那么，家长如何做才能转变孩子的从众心理，让他成为一个有主见的孩子呢？

1. 教男孩分辨是非

由于孩子的年龄小，他们的道德观念还不成熟，对是非的判断标准也很模糊，甚至有些孩子全凭自己的主观好恶来判断。因此，家长应教孩子学会分辨是非，让他知道哪些事是需要坚持的，哪些事是坚决不能做的。

2. 鼓励孩子独立思考

相信孩子的能力，给予他独立思考与独立做事的空间，才有助于培养他的独立意识。家长不要过多干涉孩子的事情，这样他在独自面对某些事情时，才会有自己的想法，知道应该怎样去处理。

3. 肯定男孩，培养男孩的自信心

家长要多给予男孩肯定的评价，让他正视自己的能力，对自己有积极正面的认知，从而增强孩子的自信心，减轻他的从众心理，

使其不再人云亦云，缺乏主见。相信他，鼓励他，夸奖他，你会发现，你的孩子远比你想象的更加聪明。

Tips▸ 很多家长都习惯将自己的孩子与别人家的孩子做比较，企图刺激孩子奋发图强，但实际上这种做法只会起反作用，让孩子越来越不自信。

 妈妈有话说

　　每个人都可以有自己的爱好，你喜欢蜘蛛侠肯定有你的理由，没有必要为了迎合他们而改变自己的想法，他们笑话你是因为不理解你，那你就告诉他们蜘蛛侠的厉害之处吧！

儿子成长日记

你的孩子有从众行为吗？他会坚持自己的想法吗？

第八章

学习行为心理

厌学、贪玩、上课走神、写作业磨蹭、考试作弊……男孩出现这些学习行为，不仅仅是因为对学习没兴趣，还可能是因为不适应校园生活、学习压力太大、家长代劳过多等。了解男孩对学习的真实感受，才能从根本上激发男孩的学习兴趣，让男孩爱上学习，享受学习的乐趣。

厌学——缺乏正确的学习理念

男孩心里话

学习太累了，一看到堆起来的作业我就头疼，我想出去玩，不想学习，我讨厌学习！

孩子对学习没兴趣，一说学习就心烦，甚至想要逃学，这些都是厌学的表现。在厌学这种情绪的影响下，孩子会变得不认真听课、不完成作业、害怕参加考试。而且，在学习上产生的自卑心理也会让孩子逐渐对自己失去信心，认为自己什么事都做不好，这对孩子的身心发展极其不利。因此，家长要关注孩子厌学的原因，帮助他克服学习中的困难。

解读男孩厌学背后的心理原因

你的孩子是否曾以生病为借口逃避上学？你的孩子是否讨厌考

试？厌学并不是某个孩子所特有的一种情绪，这种现象普遍存在。
孩子厌学主要有以下三个原因：

1. 学习目的不明确

"你给我好好写作业，不许偷懒！""你给我认真看书，不要东张西望的！"你对孩子说过这些话吗？请你想一想，这些话都有哪些特点呢？

其实，孩子厌学的原因之一是学习目的不明确，他们误以为学习、写作业都是为了家长，与自己的关系并不大，这会导致孩子没有求知的欲望，学习效果自然不理想。

2. 学习任务重，压力大

现在孩子的学习任务很重，他们不仅要完成各科老师布置的作业，还要参加辅导班、兴趣班，繁重的学习压力对他们来说是一项挑战。当孩子无法再承受这种不间断的学习方式时，他们便会厌学、恐学。

3. 难以适应校园生活

孩子从幼儿园刚升入小学时，很可能因为不适应小学的学习节奏而变得厌学。再加上孩子在小学阶段要学的课程种类比较多，学习的内容也比幼儿园阶段深入，有些孩子就很难适应这种学习进度，在紧张焦虑的情绪下便会厌学。

男孩厌学怎么办

发现孩子厌学，家长不应一味地倒苦水，也不应强迫孩子好好学习，这只会让他产生"学习很苦"的想法，加重他的厌学情绪。家长应根据孩子的想法，帮助他克服厌学情绪。

1. 树立正确的学习理念

家长首先要让孩子知道"学习是为自己学的，学习的过程会收获知识，这是一件快乐的事情"。纠正孩子对学习的错误认知，帮助他树立正确的学习理念，他在学习中才会发挥出自己的主观能动性，享受学习的乐趣。

2. 给男孩减负、减压

家长尽量不要给男孩增加额外的学习负担，以减轻他的心理压力，同时还应该让孩子遵循"学习就认真学习，玩就尽情玩"的原则。在孩子学习时，家长要为他提供安静的环境，让他用心学习；带着孩子一起玩耍时，家长不要碎碎念，让他尽情地享受游戏的乐趣就好。学习娱乐两不误，孩子自然就不会抵触学习了。

3. 让男孩在生活中学习

生活中处处有知识，与其让孩子挖空心思地学习，不如在日常生活中渗透知识。例如，家长带着孩子去买菜时，可以让他计算共花了多少钱，找零多少钱；带着孩子逛商场、玩具店时，家长可以就他感兴趣的区域提问，让他识字。将学习渗透到生活中，孩子自然不会觉得学习很苦，反而还会觉得学习很有趣。

妈妈有话说

学习才能掌握知识，而知识就像是打怪兽时用的宝剑，你拥有了宝剑，才能降服怪兽。有了知识，在面对困难时，你就可以用自己的智慧渡过难关。今天妈妈陪你一起做作业，但是以后你要自己做，好吗？

儿子成长日记

你的孩子有厌学情绪吗？他是否享受学习的乐趣呢？将他对待学习的态度记录下来吧！

课堂上的小动作——注意力不集中

 男孩心里话

老师讲课太没意思了，我不想听，我还是想想下课后跟同学们玩什么游戏吧，不能把时间浪费在听课上。

孩子在课堂上不好好听讲，总是东张西望；孩子上课时跟同桌说悄悄话，扰乱课堂秩序；老师在讲台上讲课，孩子在课桌下玩自己的玩具……你的孩子有此类行为吗？老师对他的评价是什么呢？孩子在课堂上搞小动作，主要是因为注意力不集中，没有投入课堂的学习中。

男孩为什么在课堂上搞小动作

孩子不好好听讲，在课堂上搞小动作，不仅影响自己的学习成绩，还影响其他同学学习。为什么孩子会在课堂上搞小动作呢？可能有以下原因：

1. 大脑发育不完善

男孩注意力的稳定性是随着年龄的增长而延长的。其中，5~6岁的孩子注意力可维持15分钟，7~10岁的孩子可维持20分钟，10~12岁的孩子可维持20分钟。因此，对于小学阶段的孩子来说，他们很难整节课都集中注意力。当孩子的注意力转移后，他们就会做些小动作，影响课堂秩序。

Tips➤ 如果孩子在课堂学习中不能安静地坐着，在座位上扭来扭去，或者在安静的游戏中跑个不停，学习粗心大意等，这很可能是因为多动症。

2. 对课堂上的内容不感兴趣

我们常说"兴趣是最好的老师"，当男孩对老师所讲的内容不感兴趣时，他就会找一些感兴趣的事情做，如跟同桌聊天，在课桌下摆弄自己的玩具。当孩子沉浸其中时，便忘了这是在上课，甚至会出现哈哈大笑或者说话声音越来越大的情况。

Tips➤ 当孩子不适应老师的讲课方式，或者不喜欢这位老师时，他们就会把这种情感迁怒到课堂上，故意不好好听课。

男孩注意力不集中，妈妈怎么办

孩子无法集中注意力，这对孩子的学习与生活都会产生不利的影响。家长要帮助孩子排除注意力的干扰，可以从以下几个方面实施：

1. 激发男孩的学习兴趣

当男孩对课堂上所讲的内容感兴趣时，他们自然就会沉浸其中，享受学习的过程，而不会东张西望，上课走神。因此，家长要激发孩子的学习兴趣，如让孩子知道学习语文可以帮助他们用文字写诗、写歌，学习数学可以帮助他们更快地计算，学习英语可以与外国人交流等。

2. 鼓励男孩记课堂笔记

有些孩子觉得老师讲的内容自己已经学会了，于是就不专心听课，这样很可能会遗漏重要知识点。而记课堂笔记可以让孩子对课堂上的学习内容保持持续的注意力，使其认真听讲。因此，家长应鼓励孩子记课堂笔记。

3. 不分散男孩的注意力

当孩子在家里学习、写作业时，有些家长总会时不时地打扰他。一会儿送个果盘，一会儿提醒孩子坐直保护眼睛，一会儿又批评孩子字写得不工整。家长总是打扰孩子，分散他们的注意力，让他们无法集中精力学习。要想让孩子拥有稳定持续的注意力，家长不应打扰他，而要为他营造一个安静的学习氛围。

妈妈有话说

学习知识是一件很有趣的事，这代表你的每一天都没有白过，每一天都有收获，这是值得高兴的一件事！

儿子成长日记

你的孩子会在上课时偷偷搞小动作吗？他的注意力能够保持多长时间呢？

粗心的"马大哈"——拿粗心当借口

 男孩心里话

　　这道题我会做，不过是在做题的时候看错了而已，再让我做一遍我肯定不会做错。这是因为粗心，不是我不会做！

　　"这道题我会做，因为粗心看错了符号才做错了！""这道题我本来会做的，但是考试的时候突然就忘记怎么做了！""我审题看错题目了，是粗心造成的出错！"你有没有听孩子这样解释过自己的错题？为什么孩子每次都会犯粗心的毛病呢？千万不要因为孩子的"粗心"而对他的学习放松警惕，因为粗心很可能是他掩饰不会的借口。

　　当你问孩子做错题的原因时，他们的回答往往是"我太粗心了"，你是否感到奇怪，为什么孩子总也改不了粗心的坏毛病？孩子到底为什么会粗心马虎呢？

1. 专注力差

孩子做题时看错题目，把加号看成乘号，把求和看成求积，把前一道题的答案写到后一道题上，这些都是专注力差的表现。在考试时，孩子会由于过于紧张而无法专心答题，导致原本会做的题在考试时做错了，于是很多孩子会将这种失误归咎于粗心，从本质上来说这是专注力差的表现。

对策：家长要训练孩子的专注力，让他一次只做一件事情，并用心认真地完成。如在考试时，只想着如何答题，而不要想这次能考多少分，考第几名；在审题时，先弄清题意，然后再解答，不要为了追求快而忽略题目的要求。在日常生活中，当孩子沉浸于某件事情时，家长不要打扰。

Tips▸ 对于专注力差的孩子，家长还可以传授一些小技巧，如在读题时把重要的信息标上记号，在做完题目后注意检查等。醒目的标志不会让孩子在题目的整体风格上跑偏。

2. 对知识点的掌握不熟练

大部分孩子都认为学习最主要的是掌握知识与方法，没有必要反复做练习题，于是他们便会忽视做练习题，由于熟练度不够，孩子在做题时就容易出错，给人留下粗心的印象。可想而知，如果孩子对题目中考察的知识点掌握透彻，自然也就不会因为粗心而犯错了。

对策：家长单纯地给孩子强调多做练习题的重要性，孩子很少会听。既然如此，家长不妨让孩子当小老师，给自己讲解题目的分析思路与具体的解题过程，在讲解的过程中，也就相当于孩子进行了一次系统的学习与整理，便于他熟练掌握所学的知识点。而且，在孩子讲解的过程中，家长可以知道孩子在学习方面的不足，从而进行针对性的训练，提高孩子的学习效果。

3. 没有正确认识粗心

粗心几乎是孩子的通病，当家长询问孩子做错题的原因时，大部分孩子都会回答"因为粗心"。粗心逐渐成了孩子的"免责条款"，很多孩子都认为粗心是不可避免也无法改正的，甚至有很多家长也认为孩子粗心是很正常的，不必去追究，这样孩子粗心的毛病只会越来越严重。

对策：家长首先要认识到粗心出错也是犯错，是不应该被忽视的。当孩子对自己的粗心出错毫不在意时，家长要让孩子知道粗心并不是不可避免的，是可以纠正的，一次两次的粗心可以谅解，但总是以粗心为借口，则表明他的知识没有学扎实。另外，当孩子说自己是由于粗心做错了题目后，请你与他仔细地分析粗心背后的真正原因，从而有效地解决问题。

妈妈有话说

这道题你可能会做，因为粗心才做错了，但是做错了就是做错了，做错了就要扣分，这个结果跟不会做没有区别。所以，你一定要改掉粗心的坏习惯，做一个细心、认真的孩子。

儿子成长日记

你的孩子在学习时粗心马虎吗？他会拿粗心当借口掩饰自己没有掌握知识吗？

写作业慢吞吞——"心机"男孩的无声反抗

男孩心里话

写完老师布置的作业还要写妈妈布置的作业，我还是慢慢写吧，反正也没有玩的时间，妈妈看不到的时候就偷着玩一会儿吧！

孩子写作业慢吞吞，不专心，一会儿摆弄玩具，一会儿翻翻图画书，原本半个小时就能写完的作业竟然用了两个小时。难道这样的孩子天生就是慢性子吗？到底为什么会这样呢？

男孩慢吞吞写作业的心理解读

男孩写作业慢吞吞，除了"慢性子"这个性格特征外，大多时候是在向家长传达一种反抗情绪，主要存在以下三种心理：

1. 偷懒心理——写慢点就能少写点

孩子把写作业看成是一件苦差事，为了不那么苦、那么累，孩子就想写慢点、少写点，这是典型的偷懒心理。即使明知道逃避不了，却还是想要偷懒。

2. 自救心理——写慢点就不用写额外的作业

很多家长为孩子报了多个课外辅导班。对男孩来说，作业写得快也没法出去玩，既然如此，那不如就慢点写，这样就不用写那份额外的作业了，这是孩子自救心理的表现。

3. 玩乐心理——妈妈看不到就分心

即使你告诉他写完作业就可以玩了，他还是会边写作业边玩，这是孩子的玩乐心理在作祟。当你陪着孩子写作业时，他可能会认真地写；而当你离开时，孩子便会抓准机会，做自己想做的事情。

男孩写作业慢吞吞怎么办

家长要让孩子改正这个坏习惯，就要让他认识到按时或提前完成作业的好处。家长可以从以下三个方面实施：

1. 让男孩自由支配完成作业后的时间

家长可以与孩子约定，如果他提前或者按时完成了作业，就可以自由支配接下来的时间。当孩子认识到提前完成作业的好处后，他们便会乐于完成作业。当然，家长要信守约定，不要食言。

2. 不给男孩布置过多的作业

孩子的体力和精力都是有限的，写作业的目的是让他掌握所学的内容，而不是作业写得越多越好。因此，家长要改变自己的教育方式，不给孩子布置过多的作业。

3. 不催促男孩，多表扬

当孩子写作业慢时，家长应该多表扬他，给予他积极的暗示。如对孩子说："你的字写得真工整，要是写得再快一点就好了。"

妈妈有话说

如果你能保质保量地完成老师布置的作业，睡觉之前的时间你都可以自由支配，做自己喜欢做的事情。但你要知道，如果你写作业占用了太长时间，就没有多少时间可以玩了。

儿子成长日记

你的孩子写作业时会慢吞吞的吗？在你采用这些方法后，他的表现有哪些不同呢？

不爱思考的男孩子——缺乏挑战精神

男孩心里话

这道题太难了我不会做，我要问爸爸妈妈怎么做。我不喜欢难题，万一做错了，别人就会觉得我笨了。

男孩在学习过程中不爱思考，一遇到难题就放弃，这是缺乏挑战精神的表现。很多家长担心孩子小小年纪就不敢挑战自我，长大后更难面对生活中的困难与挑战，其实，孩子不爱思考、害怕挑战，大多与家长不当的教育方式有关，家长要了解男孩内心的想法，引导男孩认真动脑，直面难题，培养男孩勇于挑战的精神。

男孩不爱思考为哪般

"学而不思则罔，思而不学则殆。"思考与学习是密不可分的，缺乏了思考的学习只会事倍功半。孩子在学习中不爱思考，可能存在以下三种原因：

1. 依赖家长

"爸爸，您看这道题要填什么呀？""妈妈，这道题我不会做，您帮我算算！"孩子在学习时不爱思考，一遇到难题就求助家长，家长便将解题思路与答案告诉孩子，这无疑省略了孩子的思考过程，久而久之，孩子就变得越来越依赖家长，缺乏挑战精神，遇到难题自己也不思考。

2. 缺乏自信心

家长对男孩的要求过高，当孩子做题出现错误时，家长的责备会让孩子产生挫败感，打击孩子的积极性，使其产生"我不行，我做不到"的消极想法，于是在面对自己觉得难的题目时，孩子便不敢尝试、不敢挑战。

3. 害怕失败

家长对男孩的评价会影响孩子的认知，也会影响他的行为。当家长总以"聪明"来标榜自己的孩子时，他便会觉得自己能否成功取决于自己是否足够聪明，于是为了不摘掉"聪明"的标签，孩子会害怕失败，害怕别人觉得自己"不聪明"。而避免挑战难题、放弃思考则成了孩子保护自己的一种方式。

男孩缺乏挑战精神怎么办

男孩更擅长逻辑思维，看问题时往往也更深入，鼓励孩子在学习中多思考，可以让他的优势和能力得以发挥。当孩子对难题望而却步、缺乏挑战精神时，家长可以这样做：

1. 引导男孩思考，给思路不给答案

当男孩向你求助难题时，你不要直接告诉他这道题应该怎样做，最后的结果是什么，而应该引导男孩思考，跟随男孩的思路一起得出答案。如果你直接告诉他应该怎么想、怎么做，男孩很有可能直接把答案写上，不再关注自己有没有真正弄懂。鼓励男孩动脑筋，引导男孩思考，可以让他们不再依赖家长，勇于挑战难题。

2. 肯定男孩的进步，不批评

在男孩的学习过程中，家长要积极肯定孩子的进步，对孩子做得不好的地方也不要批评，而要委婉地指出来。让孩子在你的肯定与鼓舞中享受学习的乐趣，不再把学习当成一种负担与压力，他们自然乐于挑战难题，乐于动脑思考。

3. 教男孩正确看待失败

男孩的好胜心都很强，为了避免失败，他们会远离那些可能让自己失败的难题。对此，家长要教孩子正确看待失败，让孩子知道失败也没关系。在孩子尝试失败后，家长要肯定孩子的努力与付

出，为他的行为点赞，不要过于关注结果。

Tips▸ 在平时的生活中，家长也应鼓励男孩多思考，遇事多询问
孩子的意见，鼓励他尝试新事物，接受新挑战。

 妈妈有话说

遇到难题要一点一点地分析，难题其实没有那么难，不过就是把简单的题变得复杂了。做难题才更有挑战性，更有成就感，不是吗？

儿子成长日记

你的孩子学习时爱动脑思考吗？碰到不会做的难题时他是自己解决还是求助你们呢？

第九章

品格行为心理

　　把别人的东西拿回家就是小偷吗？喜欢撒谎、说脏话的男孩就是坏孩子吗？喜欢与人攀比就是肤浅吗？经常给别人起绰号就是恶意伤害他人吗？请你不要夸大男孩行为中的恶意，他们的这些行为也许只是无心之失，也许只是因为道德意识浅薄。请你相信，你的男孩是一个品行良好的孩子。

把别人的东西带回家 —— 是拿不是偷

幼儿园里的玩具好多呀，真好玩。我家里都没有这些玩具，我要拿一个回家玩。

如果你在孩子的书包里发现一个新玩具，他告诉你这是从幼儿园拿回来的，你会怎么想？当你带着孩子去朋友家做客时，离开后孩子张开手向你炫耀他的新玩具，你会怎么做？对3岁左右的孩子来说，他们想要把喜欢的东西拿回家，这在他们看来是很正常的行为，家长不应将孩子的这种行为定义为"偷"。

男孩为什么会擅自拿别人的东西

孩子擅自把别人的东西拿回家，这与成人的偷盗行为是截然不同的。家长不要因为孩子的行为不当就认为他的道德品质有问题。

孩子这样做可能有以下几种想法：

1. 我喜欢这个，这就是我的了

3岁左右的孩子已经形成了自我意识，总是以自我为中心，但是还没有"你""他"的概念，在他们的观念里，"我的是我的，别人的也是我的"，于是他们便自然而然地奉行这种观念，当看到自己喜欢的东西时，孩子就会顺手拿回家。

2. 不让我玩这个，那我也不让你们玩

当孩子受到了不公平的待遇或者被小伙伴们排挤时，他就会产生报复心理，表达自己的反抗与不满。

例如，在幼儿园玩玩具时，如果孩子总是玩不到自己喜欢的玩具，就可能因为生气而产生"我不玩，谁都别想玩"的想法，于是就会把这个玩具拿回家。又比如，去别人家里做客时，如果对方与孩子发生摩擦，孩子就会故意拿走对方喜欢的玩具，希望以此告诫对方："我不是好惹的！"

3. 小明和小亮都拿了一个，我也拿一个

看到其他的小朋友随着音乐蹦蹦跳跳，孩子也会高高兴兴地参与其中，看到其他的小朋友拿走玩具，孩子觉得有趣，也可能模仿。对孩子来说，他的这种行为是一种新奇的冒险，是一种有趣的经历，并不涉及道德层面的认识。

Tips» 如果6岁以上的孩子还擅自拿别人的东西，则属于偷窃行

为，家长要引起足够的重视。

男孩擅自拿别人的东西怎么办

虽然孩子擅自拿别人的东西不属于偷窃行为，但这种行为也是不正确的，家长要及时纠正孩子的不良行为，让他以合适的方式表达自己的意愿。

1. 不要审问男孩

当你发现男孩有了不明来历的新玩具时，请你不要将他定义为"小偷"，更不要以审问的方式与他交流，而应该以平和的语气跟他交谈，了解这件玩具的来历以及事情的始末，这样才能更好地帮助他一起解决问题。

2. 教男孩学着换位思考

孩子之所以会出现把别人的东西拿回家的"自私"行为，是因为他们不懂得换位思考，因此，家长要引导孩子学着换位思考，动之以情，让他真正地认识到自己行为的不当之处。

如果孩子是出于喜欢而把玩具据为己有，那么家长可以对他说："别人也很喜欢这个玩具，你想想，如果有人把你喜欢的玩具拿走了，你得多伤心啊！"如果孩子是出于报复而故意拿走玩具，

家长可以对孩子说："我理解你的心情，但是你这样做是不对的。你也不希望别人这样对你吧？"

3. 鼓励男孩将东西归还

当孩子不经意间犯了错，拿了别人的东西后，家长要鼓励孩子为自己的错误买单，让他物归原主。很多时候，他可能都不理解为什么要这样做，但是家长要让他知道怎样做是对的，怎样做是错的，教导他做正确的事。

妈妈有话说

幼儿园的玩具是供给大家玩的，不是你一个人的，你把玩具拿回家里，其他小朋友就不能玩了，明天我们一起把玩具送回去吧！

儿子成长日记

你的男孩会擅自拿别人的东西吗？你们最后是怎么解决这个问题的呢？

爱撒谎的小男孩——自我保护的表现

男孩心里话

　　果盘里的水果散落了一地，妈妈知道是我弄的肯定会责怪我的。我还是对妈妈撒谎吧，这样妈妈就不会怪我了。

　　孩子撒谎大多是没有恶意的，只是自我保护的一种表现，但是，有些家长一谈到孩子的撒谎行为就如临大敌，仿佛撒谎是孩子开始变坏的征兆。其实，家长不必因为孩子撒谎而紧张兮兮。

　　孩子撒谎主要有以下原因：

　　1. **逃避某些事情——我假装生病，就不用去上学了**

　　当孩子想要逃避某些事情又没有正当的理由时，他们就会通过撒谎来达到自己的目的。例如，当他们不想去学校时，就可能会假装生病，对妈妈撒谎："我今天身体不舒服，肚子疼。"

　　对策：如果孩子对你说类似的谎言，你应该先了解孩子为什么不想去做这件事，是不是有不愉快的经历。只有帮助孩子跨越心理上的障碍，才能杜绝他这种撒谎行为。

2. 想获得关注——我今天跟小朋友打架了，胳膊很疼

为了获得家长更多的关注，孩子便会故意撒谎以引起家长的注意。例如，有些孩子会告诉家长他在体育课上中暑晕倒了，而当家长向老师求证时，却发现孩子在撒谎。

对策：如果你的孩子对你撒谎求关注，那你就要好好反思自己了。请你平时多陪陪孩子，让他感受到你对他的爱吧！

3. 表达自己的不满——不跟我玩，那我就说你坏话

当孩子跟自己的小伙伴产生矛盾时，为了表达自己的不满，孩子通常会说小伙伴的坏话，编造一些谎言。例如，孩子可能会对其他的小伙伴说："他总是打人。我以后再也不跟他一起玩了。"

对策：孩子这种赌气撒谎的行为是很常见的，一般情况下，家长可以交给孩子自行解决。如果孩子的行为过于偏激，家长则要对他进行一番深刻的思想教育。

4. 有虚荣心，吹牛说大话——我不想被人瞧不起

当几个孩子聚在一起时，出于炫耀与虚荣心理，他们的话题经常会从真实事件上升到说大话的幻想阶段。原本只是谈论一只宠物猫，最后可能以"我家有一只大老虎"结束。由于好胜心强而说了谎，当谎言被拆穿时，孩子就会面临更大的窘境。

对策：孩子说大话不同于说谎，请不要说你的孩子是"小骗子"，而应该试着理解孩子说大话背后的心理诉求。

Tips» 年龄小的孩子有时分不清现实与想象，他们很可能将自己的想象当成现实，给家长留下爱说谎的印象。家长要教男孩用"我想""我希望"等来表达自己的"想"。

妈妈有话说

诚实的孩子才是好孩子，说实话有奖励呦！妈妈问你，你知道果盘里的水果是怎么掉到地上的吗？

儿子成长日记

你的孩子爱撒谎吗？他为什么撒谎呢？孩子撒谎时有哪些特定的表现呢？

喜欢说脏话——缺乏道德意识

　　小朋友们总是会说出各种各样我没听过的话，我觉得很好玩，就跟着学了，说给爸爸妈妈听，他们都很惊讶，以后我还要跟小朋友们学。

　　脏话是幼儿阶段的负面语言，如果在这个时期孩子养成了说脏话的习惯，对自身的社交与品德的发展都极为不利。对孩子来说，这个阶段的脏话是不带有攻击色彩的，因为缺乏道德意识，他们往往意识不到自己的脏话会给他人带来伤害。当你发现自己的孩子说脏话时，不要因此惩罚、打骂他，而应该及时纠正他的这一行为。

　　"你是脑残吗？为什么没有给我买冰淇淋？""老师是不是脑子进水了，给我们布置这么多的作业！""你就是笨猪，我不想跟你一起玩了！"孩子满口脏话，丝毫不以说脏话为耻，这是他们缺乏道德意识的表现，家长要根据他们的心理对其进行教育，提高他们的道德认知。

一般来说，男孩说脏话主要可以分为三类：

1. 模仿性脏话——我觉得好玩，就学了

模仿别人的话是孩子掌握新的语言技能的一种方式，当孩子感觉周围的人说的脏话很有趣时，出于好奇的心理，孩子便会模仿，并将自己新掌握的这种语言炫耀地说给爸爸妈妈听，这是大多数孩子都存在的一种普遍心理。

对策：当孩子模仿他人说脏话时，家长要及时告诉孩子说脏话是不好的行为，不能因为觉得好玩就去学，而且，说脏话会让别人不开心。如果孩子周围的小伙伴们都乐此不疲地说脏话，家长则要联合其他孩子的家长和老师，对孩子进行道德教育。

2. 习惯性脏话——听我这样说，爸爸妈妈很惊讶

当孩子第一次对爸爸妈妈说脏话后，如果爸爸妈妈不仅没有制止孩子，还觉得很吃惊、很激动，就会让孩子产生"爸爸妈妈喜欢我说脏话，他们也觉得说脏话很有趣"的想法。这无疑会强化孩子说脏话的行为，导致孩子刻意学习说脏话，并逐渐成为一种习惯。

对策：当孩子第一次说脏话时，请你不要以哈哈大笑的形式默许他的这种行为，也不要直接将他定义为"坏孩子"。你可以对

他说脏话的行为冷处理，故意假装没有听见他说脏话，让他产生"说脏话很没意思"的想法，这样他自然而然就会淡化说脏话这一行为。

如果冷处理没用，家长则需要对孩子进行道德教育，如观看电视文明礼仪节目，利用图书绘本等学习好的行为，以提高孩子的道德认知，培养他形成良好的道德品质，使其主动避免说脏话。

3. 有意识的脏话——我不开心，我有情绪

3岁以上的孩子可以初步理解脏话的含义，但大部分孩子在说脏话时都不会产生"不雅"的感觉。当孩子与其他人发生矛盾或者自己的需求得不到满足时，孩子为了发泄自己的情绪就会选择说脏话，以表达自己的不满，但这不同于我们所理解的侮辱或者谩骂他人。

对策：当孩子有消极情绪时，家长要引导孩子通过其他方式宣泄自己的情绪，如写日记、玩游戏、画画等。如果孩子能够有意识地改正自己不高兴时说脏话的习惯，家长要给予他肯定与鼓励。

Tips▸ 家长也要注意自己的语言习惯，不要给孩子树立不好的榜样。为孩子营造一个良好的语言环境，才能塑造他良好的品格。

妈妈有话说

说脏话是不好的行为，我们感到惊讶是觉得你是个乖孩子，是不会说脏话的。现在你知道这样做是不对的了，你还要继续说脏话吗？

儿子成长日记

你的孩子开始说脏话了吗？他为什么会说脏话呢？

"不是我做的"——没有责任意识

男孩心里话

我不小心把茶叶撒了一地，要是妈妈知道是我弄的一定会唠唠叨叨说个没完的，说不定就不带我去游乐园玩了，所以我不能承认。

孩子把茶叶撒了一地，当你问他时，他却说："不知道，不是我弄的。"孩子打了小伙伴一拳，对方家长找来时，他却说："不是我打的，是他自己摔的。"因为晚起而迟到被批评后，孩子向你抱怨："都怪你，不叫我起床，害得我迟到了！"……你有没有疑惑："为什么孩子总想推卸责任呢？"

男孩推卸责任为哪般

孩子做错了事情不想承担责任，这种情况是很常见的，很多家长都想要培养孩子的责任心，但苦于没有方法。其实，要培养孩子的责任心，首先要知道他为什么会推卸责任。孩子推卸责任源于以下几方面的因素：

1. 家长对男孩保护过度

在孩子还小，走路摔倒哭了的时候，你有没有一边拍打地面，一边安慰他："都怪你，让你磕我们，打你！"在他喝汤被烫到时，你有没有对孩子说："都怪这碗，烫到宝宝了！"……每次孩子受伤或者做了什么事情后，你都引导他把责任归咎到其他的东西上，这就使孩子逐渐学会了推卸责任，不懂得为自己所做的事情负责。

2. 家长很严厉，男孩害怕受到惩罚

有些家长对孩子的要求很严，当他犯错时，家长会给予他很严厉的惩罚，为了逃避这些惩罚，孩子便想推卸责任。随着时间的推移，即便家长的惩罚对孩子来说已经不算什么了，但他还是恐惧承担责任，遇到事情后首先想到的就是推卸责任。

3. 家长没有树立好榜样

在家庭生活中，家长之间有了矛盾互相抱怨，互相指责，如衣服买贵了，做菜做咸了，家里忽然停水了等。这些虽然都是生活中的小事，但家长推卸责任的做法会让孩子受到影响，当孩子遇到不顺的事情时，也习惯于从外界或者别人身上找原因，而很少自己承

担责任。

孩子推卸责任怎么办

勇于承担责任是一种美德，对家长来说，培养出一个有责任、有担当的孩子是一件值得自豪、骄傲的事情。在平时的生活中，家长要注重对孩子的责任教育。

1. 鼓励男孩自己的事情自己做

家长对男孩的事情包办代替，替他做本应自己做的事情，会让孩子逐渐习惯当"甩手掌柜"，认为父母这样做是理所当然的。于是，当孩子找不到干净的衣服穿时，他会责备妈妈："为什么没有给我洗衣服？"当孩子因为赖床吃不上早饭时，他会怪妈妈："为什么不把我叫起来？"为了让孩子对自己的事情负责，家长要鼓励他自己的事情自己做，如收拾自己的玩具、书本，整理自己的衣服、床铺等，从小事做起，培养孩子的责任意识。

2. 让男孩为自己的语言负责

很多孩子都不懂得一诺千金的道理，家长要让他学着对自己的语言负责，告诉他："自己做不到的事情不要随便答应别人，一旦答应了别人，就要认真对待，努力做到。既要对自己的言行负责，也要对别人负责。"

3. 让男孩为自己的行为负责

孩子通常在自己犯错后推卸责任，以期逃避惩罚。家长要洞悉孩子的这种心理，告诉他"为自己的错误行为负责任是正确的做法，而逃避责任是错误的做法"。另外，在孩子做错事情后，家长要鼓励孩子尽量弥补自己的错误，让他知道承担责任并没有想象中的那么可怕，以培养他的责任感。

妈妈有话说

茶叶怎么都撒在地上了呢？如果是你弄的，你就勇敢承认吧！我会帮你把茶叶一起收起来，我们去游乐园的计划也不会变。现在请你告诉我，这是怎么回事呢？

儿子成长日记

你的孩子做错事后经常推卸责任吗？采用了这些教育方法后，他现在有什么改变吗？

名牌才不"掉价"——错误的攀比心理

 **男孩心里话**

同学们穿的都是名牌运动鞋，如果我的鞋子不是名牌，同学们就会嘲笑我，所以我也要让妈妈给我买名牌鞋子穿。

"鹏鹏有一双耐克的鞋子很好看，我也要买耐克的鞋子。""亮亮的新书包是兔朱迪的，我也喜欢这个图案。""好多同学的爸爸都开奔驰、宝马接送他们。"当你的孩子说出这些话时，你会怎么想？你是要满足孩子的要求，还是告诉他不要攀比呢？

男孩为什么爱攀比

孩子有攀比心理是很正常的现象，适当的攀比心可以让孩子积极进取，激发他的奋斗欲望，但是在物质上攀比，一味追求名牌则会让他形成一种错误的价值观。孩子爱攀比主要有以下原因：

1. 家长攀比心理强

一些家长具有很强的攀比心理，习惯于跟别人比较，在家长行为的影响下，孩子自然而然地也会跟人攀比，喜欢用金钱衡量价值，形成了错误的价值观；还有些家长习惯于"拼儿"，当看到别人给自己的孩子买了好东西，带孩子去了有趣的地方时，这些家长便纷纷效仿，好像只有做了这些才是好家长。这种错误的攀比行为会影响男孩的认知，让他们将自己与他人做比较。

2. 家长对男孩百依百顺，宠溺男孩

家长宠溺男孩，总是竭尽全力地满足他们的要求，这会助长他们的自我中心心理，当孩子与他人攀比时，家长在无意中扮演了助长他们攀比心的角色，在家长的默许下，他们很容易形成攀比惯性。

3. 男孩担心自己被人看不起

一些孩子有自卑心理，担心自己被别人看不起，为了弥补心理上的自卑感，他们会通过物质手段包装自己，让自己看起来高大上一些，在尝到了这种行为的甜头后，孩子便会沉浸于物质攀比中不能自拔。

男孩爱攀比怎么办

孩子在物质上爱攀比，喜欢名牌，喜欢炫富，这些都是不良的攀比行为，家长要引导孩子，让他们形成正确的攀比心，帮助他们形成正确的价值观。家长要做到以下三点：

1. 家长要做好榜样

在平时的生活中，妈妈不要总是说自己的朋友用的是名牌化妆品，自己的同事背的是名牌包包；爸爸不要总是说邻居又换了一辆新车，朋友过生日收到了名牌手表等；家长更不能因为别人给孩子买了名牌衣服、名牌鞋子，就也给自己的孩子买名牌。家长不要与他人攀比，更不要把孩子当成与他人攀比的筹码。

2. 拒绝男孩不合理的要求

当孩子在物质上提出很多要求时，家长不能一味地满足他，而要懂得拒绝他不合理的要求。当孩子因为要求没有得到满足而哭闹时，家长应与他讲道理，告诉他怎样做是对的。渐渐地，孩子便会知道只有合理的要求才能被满足，一味攀比是错误的行为。

3. 帮助男孩融入团体

很多孩子对名牌产品是"不感冒"的，但是如果孩子身边的小伙伴们都使用名牌产品，只有他与其他人不同，他便可能被孤立或瞧不起，导致他也想要追求名牌。因此，家长要帮助孩子融入团

体，如让他分享自己的玩具、丰富他的学识与见闻等，孩子在团体

中受欢迎，他便会意识到物质攀比不是最好的方式。

 **妈妈有话说**

买鞋子最重要的是合脚，穿起来舒服，如果只顾着追求名牌，

穿起来不舒服痛苦的是你自己。你说你是想要一双穿起来舒服的鞋

子，还是想要一双跟别人一样的名牌鞋子呢？

儿子成长日记

你的孩子喜欢名牌吗？他会在物质上跟其他人攀比吗？

在这方面孩子都有哪些表现呢？

第十章

异常行为心理

男孩在成长的过程中会出现一些异常行为，让家长难以理解，如爱吃手，故意憋便，偷看妈妈洗澡，喜欢摸自己的小鸡鸡等，其实，这些看似异常的行为背后都存在一些必然的原因，家长了解了男孩异常行为的心理，就会对他们多一点理解，少一点责备，对男孩的身心成长也更为有利。

咬咬咬，手指真好吃——口腔敏感期

男孩心里话

手是我的玩具，我可以想吃就吃，看到一个不认识的东西时，我也可以用嘴去探索，看看这个东西到底是什么。

孩子在两三个月的时候就开始吃手，很多家长都担心孩子吃手会把脏东西吃进嘴里去，于是便想方设法阻止孩子的吃手行为。

其实，孩子吃手是因为他们进入了口腔敏感期，吃手是孩子探索的过程，对孩子肢体的协调与心理的发展都具有重要的意义。因此，家长不应制止孩子的吃手行为，而应该更加关注孩子的手部卫生。

孩子吃手行为的心理解读

孩子看到什么都往嘴里放，尤其喜欢吃手，这是为什么呢？难道孩子的手上有蜜糖吗？孩子爱吃手，可能有以下几种原因：

1. 手是我的玩具

在孩子刚出生时，他们还无法很好地控制自己的手部动作，等过了两三个月，孩子就会认识到手部动作是受自己支配的，于是孩子就把手当成了自己的一个玩具，而嘴巴是孩子探索世界的最初方式，因此吃手的行为就自然而然地形成了。

2. 吃手时我很安心

吸吮是孩子天生的需求，在吃手的过程中，孩子会觉得安心。也正因如此，很多孩子在感到烦躁不安、紧张焦虑时会通过吃手行为缓解自己的紧张情绪；也有些孩子在睡觉被打扰时，会通过吃手的方式帮助自己再次进入睡眠状态。

3. 我牙疼，不舒服

在长牙的初期，孩子会觉得牙床不舒服，感觉痒、疼，此时，孩子就想通过吃手的方式缓解牙疼。此时孩子的吃手行为是在告诉你："我要开始长牙了！""我已经长牙了，牙床很痒。"

4. 我很无聊，快陪我玩

当孩子感到无聊又没有人陪他玩时，就可能通过吃手的方式自娱自乐，缓解自己的无聊感。此时孩子的吃手行为是自我安慰的一种方式，也是缓解自己孤独情绪的一种途径。

孩子吃手怎么办

孩子吃手是一种正常的现象，是孩子探索世界的一种方式，也是智力发展的一种信号。但是吃手有可能会把脏东西吃进去，引起疾病，在出牙期吃手还会影响牙齿的整齐排列，导致牙齿闭合不良。因此，在孩子吃手的阶段，家长要做好预防工作。

1. 经常给孩子洗手

孩子有了吃手的行为后，家长要经常给他洗手。保证孩子手部的清洁卫生，可以在一定程度上避免疾病。

Tips▶ 在口腔敏感期，孩子习惯将拿到的东西都往嘴里放，此时家长要将小的物体收起来，以免孩子误食。

2. 给孩子准备牙胶

如果孩子因为出牙而吃手，家长可以给他准备牙胶，并经常给牙胶消毒。孩子咬牙胶既可以促进眼与手的协调发展，也可以帮助孩子获得心理上的满足。

Tips▶ 牙胶最好在专卖店购买，从质量上保证安全；家长也可以给宝宝多准备几个牙胶，以便于更换清洗。

3. 多陪伴孩子

家长多陪伴孩子，可以增加孩子的安全感，缓解孩子的紧张焦虑情绪；而且，在家长的陪伴下，孩子也不会觉得孤独、无聊，吃手的行为自然就会减少。

妈妈有话说

妈妈知道在这个阶段你吃手是正常现象，是在用嘴不断地探索，妈妈很支持你，但是为了健康，我们要经常洗你的小手哦！

儿子成长日记

你的孩子进入口腔敏感期了吗？你是怎么帮助他度过这个时期的呢？

_____

_____

_____

故意憋便——害羞的"肛欲期"

男孩心里话

憋尿、憋便的时候身体很舒服，我每次都想多体验一下这种感觉，可总是不小心弄脏裤子，要是我能控制就好了。

孩子已经学会了自己小便、大便，为什么还会尿裤子、拉裤子呢？其实，孩子这样做不是故意的，之所以会出现这种情况，大多是因为孩子的肛欲期来了。

在肛欲期，孩子想要通过憋尿、憋便的方式来体验肌肉收缩的刺激感，虽然他们心里知道应该去厕所，但是由于内心无法拒绝控制大小便所带来的快感，于是憋着憋着，孩子的裤子就遭了殃。

孩子也知道尿湿裤子、拉脏裤子很不好，但为什么他们还是一如既往地这样做呢？孩子憋便时是怎样想的呢？

1. 憋着真舒服

孩子在1～3岁时会经历肛欲期，在这个阶段孩子的肛门括约肌和尿道括约肌都在发展完善中。从憋便到突然释放的这个过程，孩子会获得快感，这种舒服的感觉会促使孩子下一次继续选择憋便。

对策：孩子的肛欲期一般会持续两个月左右，在这个阶段，家长要尊重孩子的排便行为，不要嘲笑孩子，更不要将孩子的这种行为作为谈资，以免孩子无法顺利度过肛欲期，导致这个阶段的延长。家庭成员对孩子的排便行为要态度一致，以减轻孩子的焦虑感，帮助孩子顺利度过这一时期。

2. 我害怕惩罚，不敢拉

如果家长因为孩子弄脏了裤子而批评他们，孩子就会恐惧排便。于是很可能出现这种情形：妈妈让孩子去卫生间，孩子蹲了好久都没有拉出来，可是刚一走出卫生间就拉在了裤子里。孩子这样做不是故意的，他们只是害怕排便会被批评、受惩罚，所以在排便时很紧张焦虑，拉不出来。

对策：家长要平静地对待孩子尿裤子、拉脏裤子的行为，并温柔地对孩子说："裤子脏了也没关系，妈妈给你换一条干净的就好了！"请你不要总是对他说："下次要记得去卫生间。"更不要羞辱、责骂他："真笨，这么大了还拉裤子！"

3. 我不敢去卫生间

卫生间的瓷砖、马桶上的小灰尘、洗手池旁的镜子都可能成为孩子恐惧的来源，当孩子对卫生间的某些物品充满恐惧时，就会抵触去卫生间，于是便出现了憋便的行为。

对策：孩子与大人看待事物的视角是不一样的，一个小飞虫对大人来说不算什么，但是对孩子来说却可能是很可怕的东西。因此，当孩子拒绝去卫生间时，家长要耐心地了解孩子的想法，帮助孩子克服对卫生间的恐惧，让孩子可以顺利排便。

4. 拉大便屁股疼，我不要拉

当孩子喝水少或饮食结构不合理时，就很容易便秘，每次拉大便对孩子来说都是一件十分痛苦的事情，于是孩子就本能地抵触排便，即使有了便意，孩子也想要继续憋着。

对策：家长要让孩子多喝水，并调节孩子的饮食结构，从根本上改善孩子排便困难的问题。

Tips➤ 在肛欲期，孩子对自己的排泄物总是有一种特别的兴趣，家长不应阻止孩子研究自己的排泄物，也不应对宝宝的排泄物表现出排斥行为，以免孩子感觉到肮脏。家长要平静地告诉孩子大小便后要洗手，如果手上沾了大小便，就很容易生病。

妈妈有话说

你弄脏了裤子也没关系，妈妈再给你换一条干净的就好了。很多人小时候都尿过裤子，把大便拉在裤子里，这是很正常的，妈妈理解你，不会怪你的！

儿子成长日记

你的孩子有明显的憋便行为吗？孩子憋便时都有哪些表现呢？

奇怪的"恋物"——情感的寄托

男孩心里话

　　没有人陪我玩，爸爸妈妈都有自己的事情要忙，我只有"巴斯光年"陪着，我决定了，巴斯光年是我最好的朋友，我会一直陪着他，不让他感到孤单。

　　孩子对某件物品有依恋倾向，一旦离开了这件物品，便紧张不安，吃不好，也睡不好，这是孩子恋物的表现。孩子恋物并不是心理疾病，很多孩子都有过类似的经历，随着孩子的成长，他们的恋物行为会逐渐消失，但是当孩子对某件物品过度依恋时，家长则要引起重视，帮助他化解恋物情结。

男孩为什么会有恋物情结

　　已经坏了的玩具孩子仍然像宝贝似的拿着，不舍得扔；已经脏了的衣服孩子还是想要穿，不愿意洗。孩子对某件物品充满依恋，表达的是内心的情感需求。

孩子恋物主要有以下原因：

1. 没有得到足够的爱

家长陪伴孩子的时间短，没有让孩子感受到足够的爱，孩子的情感需求得不到满足，于是就将自己的情感寄托在其他的物品上。比如，为了满足自己对妈妈的依恋感，孩子会把妈妈的衣服或者一些物品带在身边；为了弥补缺失的亲情，孩子会将自己的注意力转移到其他物品上，以求得心理安慰。

2. 太孤独，太无聊

孩子不仅没有同龄的小伙伴一起玩耍，还缺少父母的陪伴，于是便会感觉到孤独、无聊，此时，玩具就成了孩子唯一的朋友，成了孩子自娱自乐不可缺少的工具。慢慢地，孩子就会对这件陪伴自己的玩具情有独钟，逐渐产生依恋情结。

3. 恐惧新环境，用物品自我安慰

孩子在刚进入一个新环境中时会产生恐惧感，而熟悉的物品则会带给他安全感，帮助他克服心理的恐惧。此时这件物品对孩子来说更像是一个朋友，能让自己安心，这也就是为什么男孩的恋物行为在刚上幼儿园时会愈演愈烈。

男孩恋物怎么办

孩子恋物不是病，但是当他对某件物品过度依恋时，如脏了的
被子也不让洗，穿破了的衣服也不想换，家长则需要引导、干预他
的行为。要化解孩子的恋物情结，家长可以从以下三个方面着手：

1. 多陪伴男孩，满足他的情感需求

在平时，家长应多陪伴孩子，让他感受到家长的关心和爱。家
长要注意，陪伴不等于看管，孩子在自娱自乐，而你在沙发上玩手
机、看电脑，对孩子来说这与他自己在房间玩并没有什么区别，所
谓的陪伴是要你与孩子共同参与一些活动，跟他玩一些游戏，聊一
聊他感兴趣的话题等，这样孩子才会感受到你对他的爱，才会获得
情感上的满足。

2. 多带男孩接触同龄的小朋友

家长要丰富孩子的生活，多带他接触同龄的小朋友，让他将注
意力转移到身边的人身上，而不是局限在自己那个小空间的某件物
品。让孩子多接触外界的人或事，他就会逐渐走出恋物的空间，接
受更多真正的朋友。

3. 同时为男孩提供多个玩具，避免偏爱

孩子玩一件玩具很容易上瘾，并对此玩具产生依恋，因此，家长在提供给孩子玩具时，可以同时提供给他两个或者三个玩具，避免他"偏爱"某个玩具。

Tips▸ 孩子恋物不等同于恋物癖，恋物癖是一种心理疾病，患者大多是成年人，而恋物是孩子成长过程中生理与心理发展的正常现象，家长不要错误地给他下定义。

妈妈有话说

你这个玩具是叫"巴斯光年"吗？它有什么本领呢？我们一起跟它玩游戏吧！

> **儿子成长日记**
>
> 你的孩子恋物吗？他对什么物品情有独钟呢？
>
> _____
>
> _____
>
> _____

对父母撒娇——表达自己的依恋

男孩心里话

我喜欢跟妈妈撒娇，我知道妈妈是很爱我的，我也很爱妈妈。

很多妈妈都有这样的困惑：当孩子不黏着自己时，自己会感觉孤单失落，无助伤心；而当孩子黏着自己，冲自己撒娇时，自己又会觉得孩子太黏人，很烦，想让他变得独立一些。其实，孩子爱跟妈妈撒娇，喜欢黏着妈妈，这是他信赖妈妈、爱妈妈的表现。在与孩子相处的过程中，家长要给予他足够的爱。

你的男孩爱撒娇吗

为什么别人口中的"乖孩子"在你面前就是一个任性的小男孩呢？为什么你的孩子在别人面前很乖巧、听话、独立，在你面前却是一个长不大的"坏宝宝"呢？孩子为什么会跟妈妈撒娇呢？

1. 表达喜欢与依赖——我很喜欢你

男孩最喜欢妈妈，也最信任妈妈，他知道妈妈会一直疼爱他、保护他，即使自己在妈妈面前撒娇，做了过分的事情，妈妈也不会不爱自己，所以男孩经常会对妈妈撒娇。于是，男孩便有了两副面孔，在妈妈面前是个娇羞胆小的小男孩，在别人面前是个独立勇敢的小伙子。

2. 缺乏安全感——你是不是不爱我了

有些家长工作忙，陪伴孩子的时间很少，孩子便会觉得妈妈不爱自己，缺乏安全感。于是，孩子便想通过撒娇的方式获得妈妈的陪伴，感受妈妈的关爱。

3. 吸引关注——你看我，别看别人

当孩子觉得妈妈的注意力没在自己身上时，便会通过撒娇的方式吸引妈妈的关注。比如在妈妈的怀里蹭来蹭去，一直抱着妈妈等。

4. 实现自己的需求——给我买这个

有时候孩子冲妈妈撒娇是为了让妈妈答应自己的要求，这就跟孩子在玩具店看上了一件玩具大哭大闹一样，只不过表达的方式不同，给人的印象也有所区别。大哭大闹会让妈妈觉得孩子是任性的，而撒娇会让妈妈觉得孩子是可爱的。这么看来，会撒娇的孩子更有智慧。

5. 故意炫耀——我的妈妈很爱我

当小伙伴都在身边时，孩子会故意对妈妈撒娇，比如让妈妈给买冰淇淋，让妈妈抱着自己走，这都是孩子炫耀妈妈爱自己的方式，他企图通过这种方式告诉其他的小伙伴："我的妈妈很爱我，我很幸福！"

男孩爱撒娇，妈妈怎么办

很多家长都担心男孩总跟妈妈撒娇会变得太娇气，影响他们的性格。那么，当孩子撒娇时，妈妈该怎么办呢？

1. 多陪伴男孩，表达自己的爱

男孩跟妈妈撒娇，不管是为了表达爱意还是为了吸引妈妈的关注，他们都需要得到妈妈的回应，希望自己的爱得到回馈。因此，当孩子对你撒娇时，请你不要吝啬表达自己对他的爱，而要让他知道你爱他。在平时，家长应多陪伴孩子，让他感受到关爱。

2. 宠爱但不纵容男孩

当男孩以撒娇作为达到目的的手段时，家长不应纵容他的这种行为，不要因为他撒娇就妥协退让，而应该坚持原则，让他知道爱他是一回事，坚持原则是另外一回事。这样，孩子的撒娇就不会带有那么强的功利性了。

3. 允许男孩撒娇

很多家长都将撒娇看成女孩的专利，于是男孩一撒娇就会被冠上"小姑娘"的称号，甚至还有人说"男孩撒娇可耻"。其实，不论是男孩还是女孩，都渴求得到父母的爱，而撒娇是他们表达爱的方式，因此，家长应该适度地允许男孩撒娇。当孩子黏着你时，你可以多陪他一会儿，对他的撒娇给予温暖的回应，这既有助于增进亲子关系，又有助于孩子的心理成长。

妈妈有话说

妈妈知道你爱妈妈，妈妈也很爱你。我们现在一起玩一个游戏，然后妈妈去做饭，你去写作业好吗？

儿子成长日记

你的孩子对你撒娇吗？他会在什么情况下撒娇呢？请你将他可爱的一面记录下来吧！

后记
postscript

　　著名教育专家冯夏婷教授说过这样一段话："在这个世界上有一种职业很特殊，它是全天候的，不分白天和黑夜，没有休息日，不能请假，也没有退休的一天，更没有薪水可拿；在这个世界上有一种冠冕也很特殊，它是终身制的，从加冕的那一刻起，就永远不会被褫夺，只是有时候，它给人带来的不仅仅是荣耀，还有责任、紧张和压力……这种职业，这种冠冕，叫作父母。"

　　父母要教导男孩成为真正的男子汉，不仅需要理解孩子的行为及其行为背后的心理密码，更需要与他成为知心朋友，用爱和尊重为他构建一个成长的空间。因此，在与他相处的过程中，父母一定不要丢了爱与尊重。

　　男孩是淘气的，是懒惰的，是霸道的，但更是善良的，是大方的，是勇敢的。父母要坚信，你的儿子一定会很出色，创造出属于自己的成功，请你怀着积极的心态，理解他的种种行为，培养出让你引以为傲的优秀孩子。